职业院校课程改革实验教材

AutoCAD 项目化教程

主　编　朱立义
副主编　舒希勇　吴晶华
主　审　盛定高

苏州大学出版社

图书在版编目(CIP)数据

AutoCAD 项目化教程/朱立义主编. —苏州：苏州大学出版社，2010.1(2021.1重印)
职业院校课程改革实验教材
ISBN 978-7-81137-436-0

Ⅰ.①A… Ⅱ.①朱… Ⅲ.①机械制图：计算机制图—应用软件，AutoCAD—技工学校—教材 Ⅳ.①TH126

中国版本图书馆 CIP 数据核字(2010)第 019181 号

内容简介

《AutoCAD项目化教程》是编者以多年教学中使用的AutoCAD教学讲义为蓝本进行编写的一本项目化教材，介绍了当前最流行的绘图工具 AutoCAD 2009 的基本理论与基本操作。全书分为三章：第一章为 AutoCAD 应用基础，介绍 AutoCAD 用户必备的一些知识，内容编写以够用为主；第二章介绍常用的 AutoCAD 基本图形绘制与编辑命令，以项目式内容开展为向导，每个项目都有知识要求及详细的练习过程，力求做到讲、练、学三位一体，激发学生的学习兴趣，培养学生的动手能力；第三章为 AutoCAD 综合应用，内容设计以企业实际生产中设计的齿轮泵工程图为参考，介绍了不同类型零件的画法。全书项目内容是按照由简单到复杂，由单一到综合，由非标准化到标准化作图的过程进行编排的。本书每章都附有一定的理论习题和上机训练题，以便教师组织学生练习。

AutoCAD 项目化教程

朱立义　主编

责任编辑　陈兴昌

苏州大学出版社出版发行
(地址：苏州市十梓街1号　邮编：215006)
常州市武进第三印刷有限公司印装
(地址：常州市武进区湟里镇村前街　邮编：213154)

开本 787mm×1 092mm　1/16　印张 11　字数 270 千
2010 年 1 月第 1 版　2021 年 1 月第 7 次印刷
ISBN 978-7-81137-436-0　定价：32.00 元

苏州大学版图书若有印装错误，本社负责调换
苏州大学出版社营销部　电话：0512-67481020
苏州大学出版社网址　http://www.sudapress.com

前　　言

AutoCAD 软件是当前最为流行的绘图软件之一,它被广泛地应用于机械、建筑、电子、航天、造船、石油化工、土木工程、冶金、农业、气象、纺织等领域。目前,尽管一些优秀的三维设计软件不断推陈出新,其功能也日益加强,但 AutoCAD 所具备的二维平面绘图的优势,是其他三维设计软件所无法比拟的,该软件仍深受广大工程技术人员的青睐。

书中没有大篇幅地介绍 AutoCAD 的所有命令,而是以够用为主,着重介绍 AutoCAD 2009 常用的一些命令功能及使用方法。全书以项目为导向,在编写形式上与传统的 AutoCAD 教程有很大的区别。基本模块的案例设计由简单到复杂,案例内容完整,结构合理;综合模块的案例设计真实可用,自成体系。全书内容循序渐进,避免了单纯地概念讲解和抽象的描述,忽略枝节,抓住重点,能使读者快速达到融会贯通、灵活运用的目的。

本书可作为高等职业技术学院、高等专科学校以及成人高校相关专业的教材,也可以作为培训班的辅导资料或参考用书。

本书由淮安信息职业技术学院朱立义主编,舒希勇、吴晶华副主编,盛定高主审。参加本书编写工作的还有张锦萍、黄银花等。苏州旭日精密机械有限公司房华总经理为本书综合项目部分提供了图形素材;淮安信息职业技术学院教务处处长盛定高副教授为本书的编写工作提出了很多建议,并对教材进行了认真的审阅,在此一并表示感谢。

由于我们的水平有限,书中难免有错漏之处,欢迎广大读者特别是任课教师提出批评意见和建议,并及时反馈给我们(hcitjdx@163.com)。

编　者

第一章　AutoCAD 应用基础

1.1　AutoCAD 2009 的工作空间 …………………………………… (1)
1.2　工作空间界面组成 ……………………………………………… (4)
1.3　命令的输入方法 ………………………………………………… (6)
1.4　数据的输入方法 ………………………………………………… (8)
1.5　AutoCAD 2009 图形文件管理 ………………………………… (10)
1.6　图形的显示控制 ………………………………………………… (13)
思考与练习题 ……………………………………………………… (16)

第二章　AutoCAD 基本图形绘制与编辑

项目一　五角星的绘制 …………………………………………… (18)
项目二　棘轮的绘制 ……………………………………………… (28)
项目三　六角螺栓的绘制 ………………………………………… (37)
项目四　轴的绘制 ………………………………………………… (45)
项目五　轴的尺寸标注 …………………………………………… (58)
项目六　样板文件制作及文字标注 ……………………………… (83)
项目七　休闲亭的绘制 …………………………………………… (101)
思考与练习题 ……………………………………………………… (120)

第三章　AutoCAD 综合应用

项目一　从动齿轮轴的绘制 ……………………………………… (130)
项目二　主动齿轮轴的绘制 ……………………………………… (134)
项目三　壳体的绘制 ……………………………………………… (138)
项目四　轴套的绘制 ……………………………………………… (141)
项目五　前盖的绘制 ……………………………………………… (145)
项目六　后盖的绘制 ……………………………………………… (148)
思考与练习题 ……………………………………………………… (152)

附录 1　AutoCAD 常用命令及快捷键 …………………………… (155)
附录 2　CAD 制图标准 …………………………………………… (157)

第一章
AutoCAD 应用基础

　　AutoCAD 是由美国 Autodesk 公司于 20 世纪 80 年代初开发的计算机绘图程序软件包，经过不断地完善，现已经成为国际上广为流行的绘图工具。

　　AutoCAD 可以绘制任意的二维和三维图形，绘图速度快、精度高，它已经在航空航天、造船、建筑、机械、电子、化工、美工、轻纺等很多领域得到了广泛应用，并取得了丰硕的成果和巨大的经济效益。

　　AutoCAD 自 1982 年 11 月正式发布以来，经过 20 多年的发展，其版本不断地推陈出新，功能也不断地日趋完善。迄今为止，AutoCAD 2009 版是 AutoCAD 系列软件中的最新版本，本书介绍 AutoCAD 2009 的使用方法。

【学习要点】
- 了解 AutoCAD 2009 的工作空间种类。
- 了解"二维草图与注释"工作空间的界面组成。
- 掌握命令的几种常见输入方式。
- 掌握 AutoCAD 数据的几种输入形式。
- 掌握图形文件的创建、打开与保存方法。
- 掌握几种常见的图形显示控制方法。

1.1　AutoCAD 2009 的工作空间

　　工作空间是经过分组和组织的菜单、工具栏和选项板的集合，使用户可以在自定义的、面向任务的绘图环境中工作。AutoCAD 2009 提供了"二维草图与注释"、"三维建模"和"AutoCAD 经典"三种工作空间模式。

▶ 1.1.1　二维草图与注释空间

　　在默认情况下，启动 AutoCAD 2009 后，打开的是"二维草图与注释"工作空间，其界面主要由"菜单浏览器"按钮、"功能区"选项板、快速访问工具栏、文本窗口与命令行、状态栏等元素组成，如图 1-1 所示。

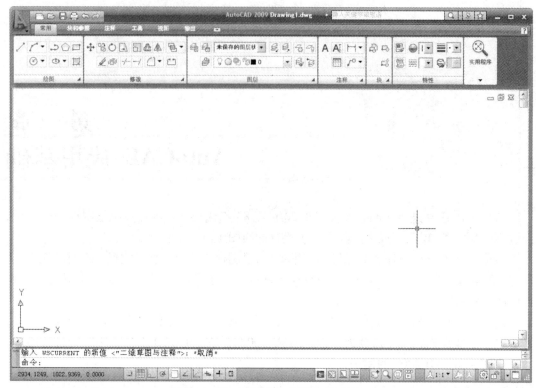

图1-1 "二维草图与注释"工作空间

如果用户需要在三种工作空间模式中进行切换,只需要单击"菜单浏览器"按扭,在弹出的菜单中选择"工具"→"工作空间"菜单中的子命令,如图1-2所示,或者在状态栏中单击"切换工作空间"按钮,在弹出的如图1-3所示的菜单中选择相应的命令即可。

图1-2 "工作空间"菜单

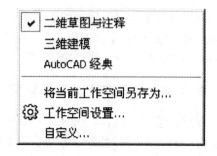

图1-3 "切换工作空间"按钮菜单

▶ 1.1.2 三维建模空间

在 AutoCAD 2009 中,使用三维建模,可以创建用户设计的实体、线框和网格模型。"三维建模"工作界面(图 1-4),对于用户在三维空间中绘制图形来说更加方便。

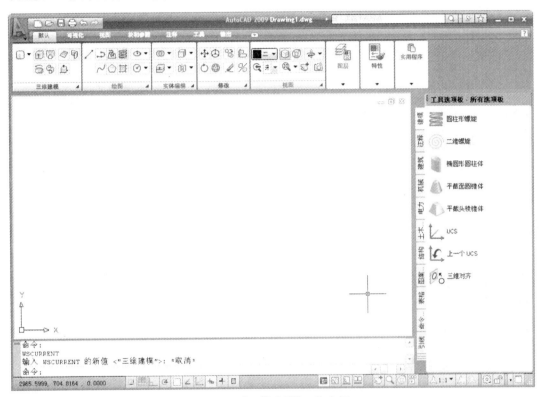

图 1-4 "三维建模"工作空间

▶ 1.1.3 AutoCAD 经典空间

对于习惯于 AutoCAD 传统界面的用户来说,可以使用"AutoCAD 经典"工作空间,如图 1-5 所示。

图 1-5 "AutoCAD 经典"工作空间

1.2 工作空间界面组成

AutoCAD 2009 的各个工作空间都包含有"菜单浏览器"按钮、快速访问工具栏、标题栏、绘图窗口、文本窗口、状态栏和选项板等元素，图 1-6 所示为"二维草图与注释"工作空间的界面组成。

第一章　AutoCAD 应用基础　5

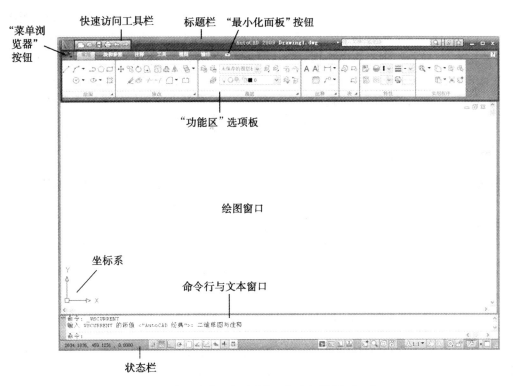

图 1-6　"二维草图与注释"工作空间的界面组成

▶ 1.2.1　"菜单浏览器"按钮

"菜单浏览器"按钮 是 AutoCAD 2009 新增加的功能按钮。单击该按钮,弹出 Auto-CAD 菜单,该菜单包含了 AutoCAD 的全部功能和命令。

▶ 1.2.2　快速访问工具栏

快速访问工具栏 包含最常用的快捷按钮,在默认状态下包含"新建"、"打开"、"保存"、"打印"、"放弃"、"重做"等六个快捷按钮。

如果用户需要在快速访问工具栏中添加、删除或重新定位命令按钮,可以单击鼠标右键快速访问工具栏,在弹出的快捷菜单中选择"自定义快速访问工具栏"命令。

▶ 1.2.3　标题栏

标题栏位于应用程序窗口的最上面,用于显示当前正在运行的程序名及文件名等信息。标题栏的信息中心提供了多种信息来源,在文本框中输入需要帮助的问题,然后单击"搜索"按钮,即可以获取相关的帮助;单击"通讯中心"按钮,可以获取最新的软件更新和其他服务的连接等;单击"收藏夹"按钮,可以快速查阅保存的一些重要信息。

▶ 1.2.4　绘图窗口

绘图窗口是用户进行绘图工作的主要工作区域,用户所有的工作结果都将随时显示在这个窗口中,用户可以根据需要,关闭一些不常用的工具栏,以增大工作空间。如果图纸比较大,需要查看未显示部分时,可以单击窗口右边或下边滚动条上的箭头,或者拖动滚动条上的滑块来移动图纸,不过用户要事先通过"工具"菜单下的"选项"命令来设置"图形窗口中显示工具条"这一操作。

在绘图窗口中,除了显示当前的绘图结果外,还显示了当前使用的坐标系类型以及坐标原点、X轴、Y轴、Z轴的方向等。默认情况下,坐标系为世界坐标系(WCS)。

▶ 1.2.5 "功能区"选项板

"功能区"位于绘图窗口的上方,用于显示与基本任务的工作空间关联的控件和按钮。在"二维草图与注释"工作空间中,"功能区"选项板有六个选项卡:常用、块和参照、注释、工具、视图、输出等。

单击"最小化面板"按钮,选项板区域将只显示面板标题,如果某个选项板面板中没有足够的空间显示所有的工具按钮,单击右下角的三角形按钮,即可展开折叠区域,显示其他相关的命令按钮。

▶ 1.2.6 命令行与文本窗口

"命令行"窗口位于 AutoCAD 2009 的底部,它由命令行和命令历史窗口两部分组成。主要用来接收用户输入的命令,同时显示 AutoCAD 2009 系统的提示信息。

如果用户需要查看以前输入的所有命令的记录,可以按【F2】功能键,则 AutoCAD 2009 自动弹出文本窗口,该窗口会显示所有输入命令的记录。

▶ 1.2.7 状态栏

状态栏位于程序窗口的最底部,如图 1-7 所示,主要用来显示 AutoCAD 2009 当前的状态,如当前光标位置的坐标,绘图时是否打开了正交、捕捉、对象捕捉、栅格、自动追踪等功能;当前的绘图空间以及菜单和工具按钮的帮助说明等。

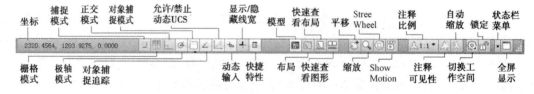

图 1-7　AutoCAD 2009 状态栏

1.3　命令的输入方法

为了满足不同用户的需要,使操作更加灵活方便,提高绘图效率,AutoCAD 2009 提供了多种方法来实现相同的功能。可以使用工具栏、菜单、命令行键盘输入命令等方式来绘制与编辑图形对象。

▶ 1.3.1 使用工具栏执行命令

工具栏中的每个工具按钮都与菜单中的绘图命令相对应,是图形化的绘图命令。使用工具条可减少单击鼠标的次数,提高绘图效率,是初学者首选的执行命令方式。如图1-8所示为"绘图"工具条,用户直接单击工具栏上的图标按钮就可以调用相应的命令。

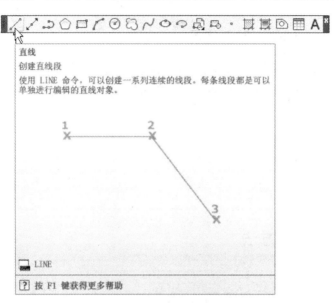

图1-8 "绘图"工具条

AutoCAD具有"工具提示"功能,即当用户将鼠标箭头移动到工具栏中的某一按钮上并停留片刻时,注意不要单击,会出现文本框显示有关该命令功能的详细说明。

▶ 1.3.2 使用菜单执行命令

利用菜单执行命令也是绘制与编辑图形的最基本、最常用的方法,菜单中包含了AutoCAD 2009的大部分绘图与编辑命令。

另外,用户单击鼠标右键后,用户可以通过在光标处弹出的快捷菜单来执行命令。快捷菜单内容将取决于光标的位置或系统状态。

▶ 1.3.3 通过"命令行"执行命令

命令窗口是一个可固定且可调整大小的窗口,其中显示命令、系统变量、选项、信息和提示等内容,命令窗口的底部行称为命令行。

在"命令行"窗口中单击鼠标右键,AutoCAD将显示一个快捷菜单。通过它可以选择最近使用过的六个命令、复制选定的文字或全部命令历史记录、粘贴文字以及打开"选项"对话框等。

如图1-9所示,如在命令提示行下输入绘制圆命令"CIRCLE",将显示以下提示:
指定圆的圆心或 [三点(3P)/两点(2P)/切点、切点、半径(T)]:
用户这时根据已知绘图条件,可以选择不同的选项,输入括号内的某个选项中的字母,然后按空格键或【Enter】键执行命令。字母可以输入大写,也可以输入小写。

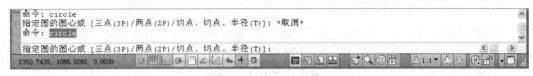

图1-9 "命令行"选项

▶ 1.3.4 命令的快速重复使用

在 AutoCAD 中,用户可以方便地重复执行同一条命令,或撤消前面执行的一条或多条命令。撤消前面执行的命令后,还可通过快速访问工具栏中的"重做"按钮来恢复前面执行的命令。如果要重复刚使用过的命令,可以按【Enter】键或空格键。

▶ 1.3.5 取消命令

在利用 AutoCAD 2009 绘图过程中,当用户在执行某个命令时,如果需要终止命令,可以通过按【Esc】键取消未完成的命令。

1.4 数据的输入方法

▶ 1.4.1 世界坐标系与用户坐标系

1. 世界坐标系

在 AutoCAD 系统中,要精确绘制一个对象,必须以某个坐标系作为参照才能准确定位。AutoCAD 提供了一个三维的空间,通常我们的建模工作都是在这样一个空间中进行的。AutoCAD 系统为这个三维空间提供了一个绝对的坐标系,并称之为世界坐标系(WCS,World Coordinate System),这个坐标系存在于任何一个图形之中,并且不可更改。AutoCAD 的缺省坐标系是世界坐标系。AutoCAD 的世界坐标系包括 X 轴、Y 轴和 Z 轴。X 轴为屏幕的水平方向,向右为正方向;Y 轴为屏幕的竖直方向,向上为正方向;Z 轴垂直于 XY 平面,且符合右手法则。

2. 用户坐标系

相对于世界坐标系 WCS,用户可根据需要创建无限多的坐标系,这些坐标系称为用户坐标系(UCS,User Coordinate System)。用户使用"UCS"命令来对用户坐标系进行定义、保存、恢复和移动等一系列操作。如可以通过改变原点位置,绕 X(或 Y、Z)轴等来创建坐标系,X 轴、Y 轴和 Z 轴三根轴之间仍然相互垂直。

▶ 1.4.2 坐标的表示方法

在 AutoCAD 2009 中,点的坐标可以使用绝对直角坐标、相对直角坐标、绝对极坐标和相对极坐标四种方法表示。

1. 绝对直角坐标

绝对直角坐标系由一个坐标为(0,0)的原点和两个通过原点的、相互垂直的坐标轴构成,如图1-10所示。其中,水平方向的坐标轴为 X 轴,以向右为其正方向;竖直方向的坐标轴为 Y 轴,以向上为其正方向。平面上任何一点 P 都可以由 X 轴和 Y 轴的坐标所定义,表示为:x,y。坐标值间用逗号隔开。

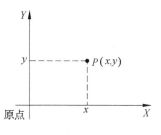

图1-10 绝对直角坐标系

2. 相对直角坐标

相对直角坐标是指新的一点相对于前一点的 X 轴和 Y 轴的位移。它的表示方法是在绝对坐标表达方式前加上"@"号,表示为:@ X,Y。

3. 绝对极坐标

绝对极坐标系是由一个极点和一个极轴构成的,如图1-11所示。极轴的正方向为系统设置方向,通常为水平向右,即正东方,极点位置相当于直角坐标系中的坐标原点位置。平面上任何一点 P 都可以由该点到极点的连线长度 L (即极径,$L>0$)和连线与极轴的交角 α (极角,常设定逆时针方向为正)所定义,表示为:$L<\alpha$。其中"<"后的数值 α 表示角度。

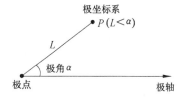

图1-11 绝对极坐标系

4. 相对极坐标

相对极坐标是指相对于前一点的连线长度值和连线与极轴的夹角大小,表示为:@ $L<\alpha$。L 表示新的一点和前一点的连线长度,α 表示新的点和前一点连线与极轴的夹角。

▶ 1.4.3 坐标输入方式

在 AutoCAD 2009 中,点的坐标可以使用绝对直角坐标、绝对极坐标、相对直角坐标和相对极坐标来表示。因此,在绘图过程中直接在命令行中按规定的表示方法输入即可。也可按下状态栏上的"动态输入"按钮 ,打开动态输入功能,可在屏幕上动态地输入参数,如图1-12所示。

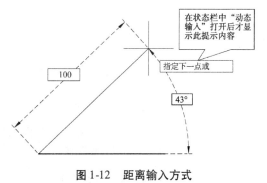

图1-12 距离输入方式

▶ 1.4.4 直接距离输入方式

想要不输入坐标值而快速指定直线长度,可以通过移动光标以指示方向,然后输入自第一点的距离来指定点。

例如,使用直接距离输入绘制直线的步骤如下:

步骤一 启动 LINE 命令并指定第一点。

步骤二 移动定点设备,直到拖引线达到与要绘制直线相同的角度。

步骤三 在命令行中输入距离。

此时直线就以指定的长度和角度绘制出来。

▶ 1.4.5 角度输入方式

在绘图过程中绘制一些有角度要求的图线，若始终采用极坐标方式输入，有时显得比较费时。若恰当用极轴追踪，对草图设置选择合适的参数，用距离输入方式输入会使得绘图更加方便、快捷。将光标放在状态栏的"极轴追踪"按钮 上，单击鼠标右键，在弹出的快捷菜单中选择"设置"命令，弹出"草图设置"对话框。单击"增量角"下拉列表，选择合适的角度增量，如图1-13所示。

图1-13　角度输入方式设置

1.5　AutoCAD 2009 图形文件管理

在 AutoCAD 2009 中，图形文件管理包括创建新的图形文件、打开已有的图形文件、关闭图形文件以及保存图形文件等操作。

▶ 1.5.1 创建新图形文件

建立图形文件采用"新建"命令，通常有以下三种方式：

（1）执行"快捷访问工具栏" 中的"新建"按钮 。

（2）单击"菜单浏览器"按钮 ，在弹出的菜单中选择"文件"→"新建"命令。

（3）在命令行中输入命令：NEW，按回车键。

当用户发出"新建"命令后，屏幕即弹出"选择样板"对话框，如图1-14所示。在"选择样板"对话框中，可以在"名称"列表框中选中某一样板文件，这时在其右边的"预览"框中将显示出该样板的预览图像。单击对话框右下方的"打开"按钮，可以以选中的样板文件为样板创建新图形，此时会显示图形文件的布局（选择样板文件acad.dwt 或 acadiso.dwt除外）。

AutoCAD 所提供的图形样板文件中包含标准设置,用户可直接选择任意一种样板文件,也可以创建自定义的样板文件。样板文件的扩展名为 .dwt,这与图形文件的扩展名 .dwg 有区别。

在 AutoCAD 提供的样板文件中,以 Gb_ax(x 为 0~4 的数字)开头的样板文件为基本符合我国制图标准(其中包括图幅、标题栏、文字样式、尺寸标注样式的设置等)的样板文件,其中以 Gb_a0、Gb_a1、Gb_a2、Gb_a3、Gb_a4 开头的样板文件的图幅尺寸分别与 0 号、1 号、2 号、3 号和 4 号图纸尺寸相对应。

此外,用户可以通过改变系统变量 Startup 的值的方式启动使用文档向导来创建图形文件,在命令行键入 Startup 命令,改变 Startup 的新值为 1,按回车键即可。这种方法目前用户很少使用,但通过尝试使用,可以让用户对"系统变量"概念有个初步的认识。

图 1-14 "选择样板"对话框

▶ 1.5.2 打开图形文件

当用户使用 AutoCAD 2009 进行绘图时,除新建文件时打开程序附带的样本文件外,还可以打开以前保存过的文档。

用户可以执行下列任意一种操作,以启动"打开"命令:

(1) 执行"快捷访问工具栏" 中的"打开"按钮 。

(2) 单击"菜单浏览器"按钮 ,在弹出的菜单中选择"文件"→"打开"命令。

(3) 在命令行中输入命令:OPEN,然后按回车键。

(4) 按快捷键【Ctrl】+【O】。

执行"打开"命令后,弹出"选择文件"对话框,如图 1-15 所示。当用户选定所需要的文件后,单击"打开"按钮,即可打开选定的文档,之前可通过"预览"窗口来查看图形的效果。

图 1-15 "选择文件"对话框

▶ 1.5.3 保存图形文件

在使用 AutoCAD 2009 进行绘图时,可随时保存当前图形文件,以方便日后使用或编辑。

当创建新文件后,第一次执行"快捷访问工具栏"中的"保存"按钮,或者直接在命令行输入"SAVE"或"QSAVE",或者按下【Ctrl】+【S】组合键,AutoCAD 2009 均会自动弹出如图 1-16 所示的"图形另存为"对话框。

图 1-16 "图形另存为"对话框

在"图形另存为"对话框中,可通过"保存于"下拉列表框指定图形文件存放的位置,然后可在"文件名"文本框中输入文件名称。当完成选项的设置后,单击"保存"按钮关闭该对话框。如果图形文件处于最大化状态,这时在程序窗口的标题栏上将会显示文档名称以及保存的路径。

▶ 1.5.4 关闭图形文件

当完成图形的绘制和编辑后,如需要关闭某个 AutoCAD 文件,首先要将其激活为当前文档,然后再执行以下的任意一种操作:

(1) 单击绘图文档窗口右上角的"关闭"按钮 ×。
(2) 单击"菜单浏览器"按钮,在弹出的菜单中选择"文件"→"关闭"命令。
(3) 在命令行键入"CLOSE",按回车键。

1.6 图形的显示控制

按一定比例、观察位置和角度显示的图形称为视图。在 AutoCAD 中,改变视图最常见的方法是放大和缩小图形区域中的图像;而平移则是将图形平移到新的位置,方便查看的另一种观察图形的方法。本节仅介绍几个常用的视图控制方式,如实时缩放、窗口缩放、全部或者范围缩放、比例缩放、实时平移等,以供用户方便观察图形时使用。

▶ 1.6.1 实时缩放

"缩放"→"实时"命令提供了交互式的缩放功能,用户可以通过垂直向上或向下移动光标来放大或缩小图形。

要使用实时缩放,单击"菜单浏览器"按钮,在弹出的菜单中选择"视图"→"缩放"→"实时"命令,或者在"功能区"选项板中选择"常用"选项卡,在"实用程序"面板中单击"实时"按钮。

如果用户在命令行中输入"ZOOM"命令后回车,会出现如下提示的命令选项,然后直接回车,即采用的是实时缩放的视图方式。

命令:ZOOM
指定窗口的角点,输入比例因子 (nX 或 nXP),或者[全部(A)/中心(C)/动态(D)/范围(E)/上一个(P)/比例(S)/窗口(W)/对象(O)] <实时>:(直接回车)

执行命令后,光标变为带有加号(+)和减号(-)的放大镜。按住实时缩放光标垂直向上或向下移动以放大或缩小视图。当达到放大极限时光标的加号消失,表示不能再放大;当达到缩小极限时光标的减号消失,表示不能再缩小。用户退出缩放,按【Enter】键或【Esc】键即可。

▶ 1.6.2 窗口缩放

有时用户只希望对某一区域进行缩放,这时,可以通过缩放窗口实现,在绘图区域内指定两个对角点作为缩放窗口来缩放被窗口包含的图形。

要使用窗口缩放,单击"菜单浏览器"按钮,在弹出的菜单中选择"视图"→"缩放"→"窗口"命令,或者在"功能区"选项板中选择"常用"选项卡,在"实用程序"面板中单击"窗口"按钮。

如果用户在命令行中输入"ZOOM"命令后回车,会出现如下提示的命令选项,然后在选项后输入"W",即采用的是窗口缩放的视图方式。

命令:ZOOM

指定窗口的角点,输入比例因子(nX 或 nXP),或者[全部(A)/中心(C)/动态(D)/范围(E)/上一个(P)/比例(S)/窗口(W)/对象(O)]<实时>:w(回车)

指定第一个角点:(指定窗口的第一个角点)

指定对角点:(确定了窗口的两个角点后,系统就按指定的窗口对当前图形进行缩放)

▶ 1.6.3 全部缩放和范围缩放

如果用户想基于图形边界或者图形对象的范围来显示视图,就需要用"全部缩放"或"最大图形范围缩放"。

全部缩放命令即在当前窗口中缩放显示整个图形。在平面视图中,所有图形将被缩放到栅格界限和当前图形范围两者中较大的区域中。如图 1-17 所示为图形界限大于图形范围时的全部缩放情况对比。在三维视图中,"全部缩放"选项与"范围缩放"选项等效。即使图形超出了栅格界限也能显示所有对象。

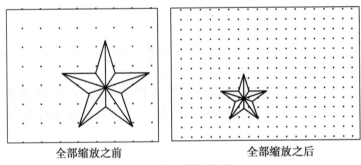

图 1-17 全部缩放

最大图形范围缩放以显示图形范围并使所有对象最大显示。如图 1-18 所示为图形范围缩放的前后情况。与全部缩放模式不同的是,范围缩放使用的显示边界只是图形范围而不是图形界限。

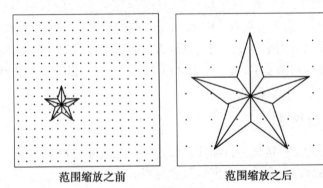

图 1-18 范围缩放

要使用"全部缩放"或"范围缩放",单击"菜单浏览器"按钮,在弹出的菜单中选择"视图"→"缩放"→"全部"或者"视图"→"缩放"→"范围"命令,或者在"功能区"选项板中选择"常用"选项卡,在"实用程序"面板中单击"全部"按钮,或者单击"范围"按钮。

如果用户在命令行中输入"ZOOM"命令后回车,会出现如下提示的命令选项,然后在选项后输入"A"或者"E",即采用的是全部缩放或者范围缩放的视图方式。

命令:ZOOM

指定窗口的角点,输入比例因子(nX 或 nXP),或者[全部(A)/中心(C)/动态(D)/范围(E)/上一个(P)/比例(S)/窗口(W)/对象(O)]<实时>:A(或者输入 E 后,回车)

▶ 1.6.4 比例缩放

以上的几种缩放都是只要达到了放大或者缩小的效果就行了,那么如果要精确地缩放图形就必须用到比例缩放视图方式。比例缩放由输入的比例因子来决定缩放效果。

要使用"比例缩放",单击"菜单浏览器"按钮,在弹出的菜单中选择"视图"→"缩放"→"比例"命令,或者在"功能区"选项板中选择"常用"选项卡,在"实用程序"面板中单击"全部"按钮。

如果用户在命令行中输入"ZOOM"命令后回车,会出现如下提示的命令选项,然后在选项后输入"S",即采用的是比例缩放视图方式。

命令:ZOOM

指定窗口的角点,输入比例因子(nX 或 nXP),或者[全部(A)/中心(C)/动态(D)/范围(E)/上一个(P)/比例(S)/窗口(W)/对象(O)]<实时>:S(回车)

输入比例因子(nX 或 nXP):

上述命令提示中,有以下三种方法可按指定的比例缩放图形:

(1)相对于图形界限:如果相对于图形界限来按比例缩放图形,输入一个比例因子就行了,此选项很少用。例如,键入 4 就会把图形放大到原来的 4 倍,当然超出图形界限的部分无法显示;而键入 0.5 则将图形缩小为原来的一半大小。

(2)相对于当前视图:如果相对于当前视图比例缩放图形,则需要在输入的比例因子后面加上一个 X。

(3)相对于图纸空间单位:如果相对于图纸空间单位按比例缩放图形,则在键入的数字后面加上一个 XP,这样就把图形相对于原来的图纸空间的视图放大或缩小。

▶ 1.6.5 实时平移

与实时缩放相似,"平移"命令提供交互平移的功能。用户可以平移视图以重新确定其在绘图区域中的位置,与使用相机平移一样,PAN(平移)不会更改图形中的对象位置或比例,而只是更改视图。

要使用"实时平移",单击"菜单浏览器"按钮,在弹出的菜单中选择"视图"→"平移"→"实时"命令,或者在"功能区"选项板中选择"常用"选项卡,在"实用程序"面板中单击"平移"按钮,或者在命令行中输入"PAN"命令后回车。

执行上述命令后,用鼠标按下拾取键,然后移动手形光标就可平移图形了。

思考与练习题

一、选择题

1. 在 AutoCAD 的菜单中,如果菜单命令后跟有"…"符号,表示 [ ]
   A. 该命令下还有子命令 B. 该命令具有快捷键
   C. 该命令在当前状态下不可用 D. 单击该命令可打开一个对话框
2. 通过下列哪一个功能键或者执行"Textscr"命令可以进入文本窗口 [ ]
   A. F4   B. F1   C. F2   D. F3
3. 激活快捷菜单的方法是单击 [ ]
   A. 鼠标左键   B. 鼠标右键   C. 回车键   D. 空格键
4. 在 AutoCAD 的"编辑"菜单中字母组合 Ctrl + V,表示使用【Ctrl】+【V】组合键执行什么功能 [ ]
   A. 剪切   B. 复制   C. 粘贴   D. 链接
5. 在命令的执行过程中,中止一个命令的执行,常常按什么键 [ ]
   A.【Esc】   B.【Enter】   C.【Alt】   D.【Tab】
6. 在"命令行"区域单击鼠标右键,可以在弹出的快捷菜单中选择最近使用过的几个命令 [ ]
   A. 5   B. 3   C. 4   D. 6
7. 执行"工具"→"选项"命令,使用"选项"对话框中的哪个选项卡,可以设置 AutoCAD 2009 的窗口元素、布局元素 [ ]
   A. 系统   B. 显示   C. 草图   D. 配置
8. (1) 用 AutoCAD 画完一幅平面图形后,在保存该图形文件时用什么作扩展名 [ ]
   (2) 如果用户想以此图形作为图形样板文件保存,用什么作扩展名 [ ]
   A. .cfg   B. .dwt   C. .bmp   D. .dwg
9. 命令窗口由两部分组成,下列哪一项是其中的组成部分之一 [ ]
   A. 命令历史窗口   B. 标题栏   C. 工具栏   D. 滚动条
10. 在绘图区域,按下【Shift】键的同时,按下鼠标的右键将激活 [ ]
    A. 对象捕捉模式的快捷菜单   B. 回车键
    C. 设置对象属性的菜单   D. 设置工具栏显示的菜单
11. 在其他命令执行时可输入执行的命令称为 [ ]
    A. 编辑命令   B. 执行命令   C. 透明命令   D. 绘图命令
12. PAN(平移显示)命令具有什么功能 [ ]
    A. 减少当前显示比例
    B. 增加当前显示比例
    C. 同"移动"命令
    D. 在执行其他命令的过程中可使用(透明操作)

13. 如果要过滤某点的 X 坐标,则应输入 [ ]
A. .Y　　　　B. .ZY　　　　C. .X　　　　D. @X
14. 在屏幕上用 PAN 命令将某图形沿 X 方向及 Y 方向各移动若干距离,该图形的坐标将 [ ]
A. 在 X 方向及 Y 方向均发生变化
B. 在 X 方向发生变化,Y 方向不发生变化
C. 在 X 方向及 Y 方向均不发生变化
D. 在 X 方向不发生变化,Y 方向发生变化
15. 在 AutoCAD 中,有关对坐标系的描述,错误的是 [ ]
A. 坐标系分为世界坐标系和用户坐标系
B. 世界坐标系绝对不可能改变
C. 用户坐标系可随时改变
D. 世界坐标系和用户坐标系只能存在一个
16. 如果设置了一个 10°的增量角和一个 6°的附加角,下列叙述正确的是 [ ]
A. 可以引出 16°的极轴追踪虚线　　　　B. 可以引出 -4°的极轴追踪虚线
C. 可以引出 -6°的极轴追踪虚线　　　　D. 可以引出 20°和 6°的极轴追踪虚线
17. 若定位距离某点 25 个单位、角度为 45 的位置点,需要输入的命令是 [ ]
A. 25,45　　　B. @25,45　　　C. @25<45　　　D. @45<25
18. 测量绝对坐标需从何处测量 [ ]
A. 前一个输入点　　　　　　　　B. 屏幕左下角
C. 由"图限"命令设置的左下角　　D. 原点(0,0)

二、简答题

1. AutoCAD 主要应用在哪些领域?
2. AutoCAD 2009 的经典工作空间中,界面由哪几部分组成?它们分别具有什么功能?
3. 如何设置 AutoCAD 2009 的搜索路径、文件名和文件位置?
4. 用户在 AutoCAD 2009 中,如何设置文件的自动保存时间?
5. 除了文中提到的那些图形显示控制方法外,AutoCAD 2009 中还提供了哪些图形缩放方法和图形平移方法?
6. 在进入 AutoCAD 2009 后,设置系统变量"Startup"和"Filedia"的值均为 1,再次启动 AutoCAD 2009,执行"新建"命令,观察有什么变化?
7. 在 AutoCAD 中提供了各种系统变量,利用系统变量可以显示当前状态,也可控制 AutoCAD 的某些功能和设计环境、命令的工作方式。请查阅有关资料,列举一些系统变量命令,并说明其功能。
8. 如何将 AutoCAD 2009 模型空间的背景颜色设置为"白色"?

第二章
AutoCAD 基本图形绘制与编辑

任何复杂的工程图形都是由点、直线、圆、圆弧等基本图元组合而成的。可以这么说，我们在企业设计部门或者生产部门见到的二维工程图形，它们基本上都是借助 AutoCAD 软件来绘制并出图的。本章通过项目化的"模块"形式，设计了六个简单二维图形和一个三维图形的绘制项目，以"任务"为线索，让学生根据"任务"的需求来学习。

项目一 五角星的绘制

【学习要点】
- 掌握"点"、"圆"、"直线"等基本绘图命令的应用方法。
- 掌握点样式的设置方法。
- 掌握"修剪"、"旋转"、"删除"等基本图形编辑命令的应用方法。
- 了解在图形编辑前如何选择对象，掌握几种常见的选择对象方法。
- 掌握在精确作图时，如何实现对象捕捉的设置与操作。

▶项目内容

完成如图 2-1 所示的平面图形"五角星"的绘制任务。

▶作图思路

如图所示的平面图形"五角星"，从视觉效果上看，有一定的立体感，从结构上分析，五角星的全部线条与直线有关。但实际上，在 AutoCAD 中，在没有各交点精确坐标的情况下，是无法仅用"直线"命令完成该图形设计的。

"五角星"的作图步骤分析如图 2-2 所示。

图 2-1 五角星

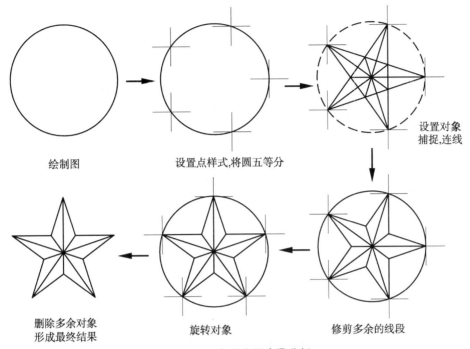

图 2-2 五角星作图步骤分析

▶ **理论基础**

（一）圆的绘制

可以通过六种不同的方式绘制圆，如图 2-3 所示。

（1）圆心、半径(R)：给定圆的圆心及半径绘制圆。

（2）圆心、直径(D)：给定圆的圆心及直径绘制圆。

（3）两点(2)：给定圆的直径上两个端点绘制圆。

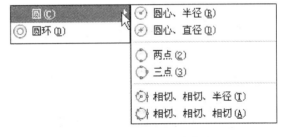

图 2-3 绘制圆的六种方式

（4）三点(3)：给定圆的任意三点绘制圆。

（5）相切、相切、半径(T)：给定与圆相切的两个对象和圆的半径绘制圆。

（6）相切、相切、相切(A)：给定与圆相切的三个对象绘制圆。

（二）点的样式设置

由于在缺省状态下，点的显示形式为"．"，测量或等分对象后，在等分点处将看不到节点标志的位置，所以一般在测量或等分对象之前，必须把点设置成一个可见的显示形式。

单击"菜单浏览器"按钮，在弹出的菜单中选择"格式"→"点样式"命令，如图 2-4 所示。在对话框中可以任选一种可见式样的点，并设置点的大小，单击"确定"按钮，完成点可见形式的设置。

图 2-4　点样式的设置

（三）点的绘制

绘制工程图形中，点作为独立的对象存在并不常见，在 AutoCAD 绘制图形时，点对象往往被用做捕捉或偏移对象的参考点，用户可以通过"单点"、"多点"、"定数等分"、"定距等分"四种方法创建点对象，如图 2-5 所示。

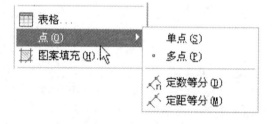

图 2-5　点的绘制方式

（1）绘制单点或多点：可以在绘图窗口中一次指定一个点或者在绘图窗口中一次指定多个点。

（2）定数等分对象：可以在指定的对象上绘制等分点或者在等分点处插入块。块是一个或多个对象组成的对象集合，常用于绘制复杂、重复的图形，后面的项目中将对"块"有具体的介绍和应用。

（3）定距等分对象：可以在指定的对象上按指定的长度绘制点或者插入块。

（四）直线的绘制

直线命令是 AutoCAD 绘制图形时最频繁使用的命令之一，它用于绘制一系列连续的直线段、折线段或闭合多边形，每一线段均是一个独立的对象。

一般情况下，输入"直线"命令，单击"菜单浏览器"按钮，在弹出的菜单中选择"绘图"→"直线"命令或者单击"绘图"面板上的"直线"图标按钮来实现。在执行"直线"命令后，提示信息及操作要求如图 2-6 所示。

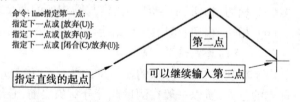

图 2-6　直线的绘制方法

选项说明：

（1）放弃（U）：放弃前一线段的绘制，重新确定点的位置，继续绘制直线。

(2)闭合(C):在当前点和起点间绘制直线段,使线段闭合,命令结束。执行闭合选项,至少已经连续绘制完两条直线段。

这时要注意,在命令提示中,如果要求输入点的坐标值,可以采用第一章中介绍的坐标输入方法指定精确的点,另外还可以采用下面的对象捕捉方法确定点的位置。但前提是图形环境中,有可捕捉的点对象存在。

(五)使用对象捕捉功能

对象捕捉模式是非常实用的定点模式,在绘图过程中利用它可以迅速、精确地定位于图形对象的端点、中点、圆心、节点、垂足、切点等特殊点的位置,提高绘图的速度和精度。

设置对象捕捉的操作方法如图2-7所示。

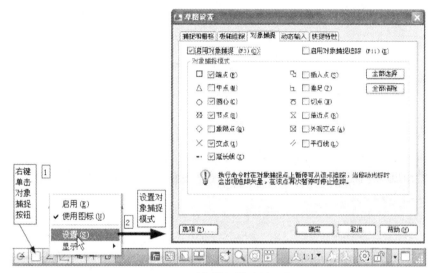

图2-7 对象捕捉模式的设置

(六)修剪对象

以图形中某一对象(直线、圆弧或多段线)为剪切边界,去掉修剪边界之外的部分。修剪对象的一般操作过程如图2-8所示。

选项说明:

(1)按住【Shift】键选择要延伸的对象:即执行延伸命令。如按住【Shift】键的同时,选择与修剪边不相交的对象,修剪边将变为延伸边界,将选择的对象延伸至与修剪边界相交。

(2)栏选(F):采用一系列点形成的多边形选择剪切边界。

(3)窗交(C):采用窗交方式选择剪切边界。

(4)投影(P):三维编辑中进行实体剪切的不同投影方法选择。

(5)边(E):选择剪切边的属性。选择该选项,系统提示:

输入隐含边延伸模式[延伸(E)/不延伸(N)]<不延伸>:

其中"延伸"指延伸边界可以无限延长;"不延伸"指剪切边界只有与被剪对象相交时才有效。

(6)放弃(U):取消所做的修剪工作。

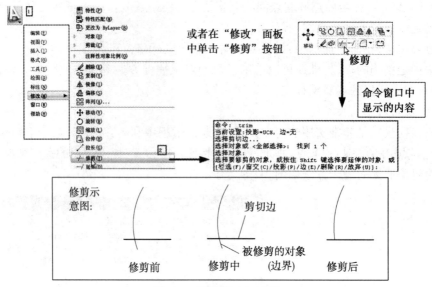

图 2-8 修剪的一般过程

（七）旋转对象

旋转对象是指绕指定中心旋转选定的图形。在执行旋转命令时，需要指定对象的旋转中心和旋转角度，其中旋转角度的方法有"绝对角度法"和"参照角度法"。旋转对象的一般操作过程如图 2-9 所示。

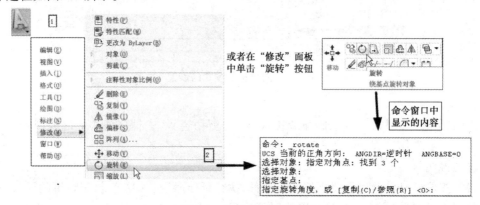

图 2-9 旋转的一般过程

选项说明：

（1）复制（C）：旋转得到新的对象后，源对象仍保留。

（2）参照（R）：以参照方式旋转对象，指定参照方向的位置和相对于参照方向的角度值。

（八）删除对象

从图形中删除一个或多个对象图形，操作过程比较简单。删除对象的一般操作过程如图 2-10 所示。

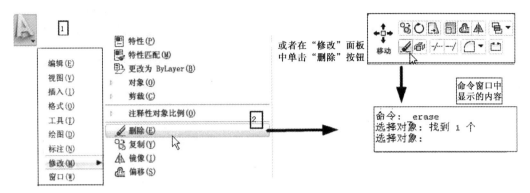

图 2-10 删除对象的过程

（九）对象的选择方法

在执行上面提到的修剪、旋转、删除对象等命令的操作过程中,都要求用户执行"选择对象"这一操作。其实,在 AutoCAD 中,对图形执行编辑、修改操作时,首先必须对要编辑的图形进行选择,即构造选择集。

当用户输入编辑命令后,AutoCAD 命令行出现提示:

选择对象:(用户选择要编辑的图形对象)

此时,用户通常可以采取以下常用的几种方式来选择对象:

（1）直接选取方式:直接用鼠标单击选择对象,选取到的对象醒目显示。

（2）窗口(W):通过自左到右绘制一个矩形区域来选择对象,位于窗口内的所有图形对象均被选中。

（3）窗交(C):通过自右到左绘制一个矩形区域来选择对象,位于窗口内及与窗口边界相交的所有图形对象均被选中。

（4）全部(ALL):选取图形中没有被锁定、关闭或冻结的图层上的所有对象。

（6）栏选(F):栅栏选择方式。通过任意绘制一条多段折线,则与该多段折线相交的所有图形对象均被选中。

（7）圈交(CP):与"窗交"选取法类似。通过绘制一个不规则的封闭多边形,并以它作为窗口来选取对象,位于该多边形窗口内及与该窗口边界相交的所有图形对象均被选中。

▶ 作图步骤

① 启动 AutoCAD 2009,不做任何绘图环境的设置。

② 绘制一个圆,以"圆心、半径"方式绘制。圆心坐标定义在绘图区域中间的某个位置即可,圆的半径取 400。AutoCAD 文本提示如下,结果如图 2-11 所示。

命令:_circle

指定圆的圆心或 [三点(3P)/两点(2P)/切点、切点、半径(T)]:(此时,在窗口中间位置单击鼠标左键,即可拾取该位置点的坐标为圆心坐标)

指定圆的半径或 [直径(D)] <100.0000>:400

然后单击"菜单浏览器"按钮，在弹出的菜单中选择"视图"→"缩放"→"窗口"或者"实时"命令,将图形显示为合适大小。

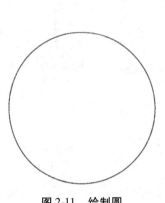

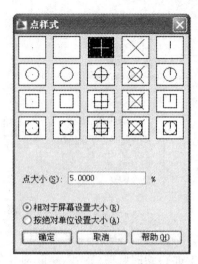

图 2-11　绘制圆　　　　　　图 2-12　点的样式设置

③ 设置点的样式。为了便于下一步在等分圆时,能够清晰地看到在圆的等分点处的节点标志,必须把点设置成一个可见的显示形式。

单击"菜单浏览器"按钮,在弹出的菜单中选择"格式"→"点样式"命令,弹出"点样式"对话框,如图 2-12 所示。在对话框中选择第一行第三列的点样式。点的大小不做改变,单击"确定"按钮,完成点可见形式的设置。

④ 在"绘图"面板中,执行"定数等分"命令,然后选择步骤②中绘制好的圆。操作过程及结果如图 2-13 所示。

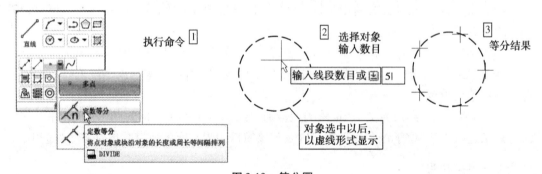

图 2-13　等分圆

⑤ 设置对象捕捉模式。在 AutoCAD 中,设置目标捕捉的作用是将十字光标强制性地定位在已有目标的特定点或者特定位置上,因为仅靠视觉是很难拾取到这些点的。

下一步骤过程中,我们将需要做等分点间的直线连接,如果直线的端点要落在等分点处,必须借助 AutoCAD 中的对象捕捉功能。

这里介绍两种方式捕捉对象特征点:第一种方式是在绘图过程中,当要求指定点时,先按住【Shift】键,然后单击鼠标右键,在弹出的菜单中选择相应的特征点按钮,再把光标移到要捕捉对象的特征点附近,即可捕捉到相应的对象特征点;第二种方式是在绘图过程中,用户可以通过"草图设置"中"对象捕捉"选项卡一次性地选择绘图中可能需要捕捉的特征点对象,这种方式不需要在提示指定点时才设置。

读者可以参照图 2-14 所示的操作过程练习对象捕捉,针对本例建议采用第二种方式先设置好对象捕捉点(节点和交点)。但用户要注意,设置好这些对象捕捉模式后,要在"草图设置"对话框的"对象捕捉"选项卡中的"启用对象捕捉"复选框前打上"√"。否则,即使你设置了对象捕捉点,也发挥不了光标落在设置的那些点附近时的自动锁定作用。

图 2-14 设置"节点"捕捉模式

⑥ 线段连接。连续多次执行"直线"命令,完成如图 2-15 所示的图形。

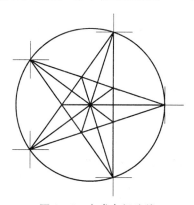

图 2-15 完成点间连线

⑦ 修剪多余的线段。完成步骤⑥线段连接后,还必须删除图 2-16 中所提示的 10 条线段。用户在这里不能用"删除"命令完成,需使用"修剪"命令删除。

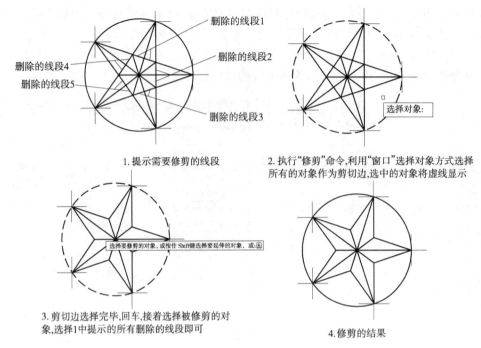

图 2-16　修剪多余线段

⑧ 旋转对象。将步骤⑦中完成的结果进行整体旋转一定的角度（90°），旋转过程如图 2-17 所示。

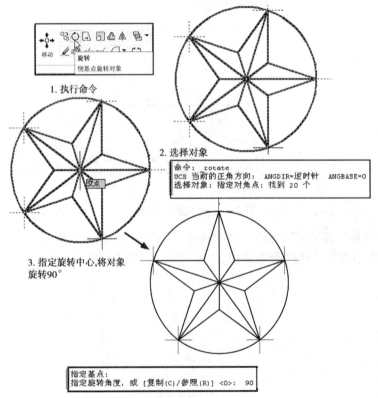

图 2-17　旋转五角星

⑨ 删除多余的对象。将上一步骤完成的图形结果中的圆和节点全部删除。删除圆和节点的过程如图 2-18 所示。

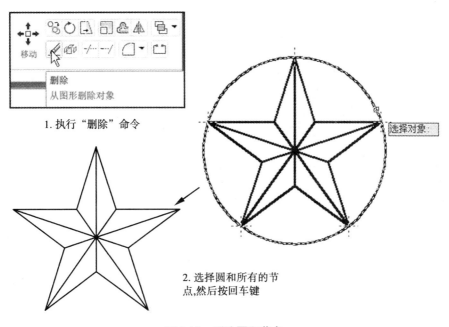

图 2-18　删除圆和节点

⑩ 保存文件。完成以上各步骤后，五角星的绘制任务基本完成，选择保存的目录，输入文件名"五角星"后，单击"保存"按钮，如图 2-19 所示，以备后期使用。在作图过程中，保存文件是一项很重要的工作，以防数据因未保存而丢失。建议用户在创建新文件后就应该改名保存文件，之后，还要随时保存更新数据后的文件，养成良好的保存习惯。

图 2-19　保存"五角星"图形文件

项目二 棘轮的绘制

【学习要点】
- 掌握基本绘图命令"圆弧"的应用方法。
- 掌握"线型"、"线宽"等样式的设置方法。
- 掌握"阵列"、"偏移"等基本图形编辑命令的应用方法。

▶项目内容

完成如图 2-20 所示的平面图形"棘轮"的绘制任务。

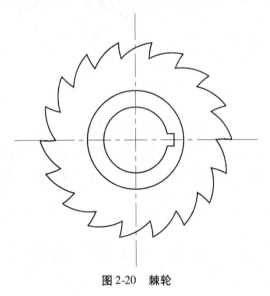

图 2-20 棘轮

▶作图思路

棘轮是机械设备中常用的传动装置,它的结构一般比较简单。根据图 2-20 所示的"棘轮"平面视图的结构可以看出,该图形包含了直线、圆弧、圆等基本图形元素。此外,该图形使用了不同的线型,即实线和点画线,因此,读者要掌握 AutoCAD 线型的设置与应用方法。

"棘轮"的作图步骤分析如图 2-21 所示。

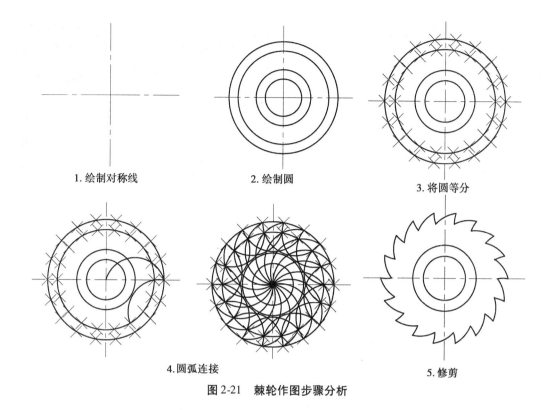

图 2-21 棘轮作图步骤分析

▶ **理论基础**

（一）线型的设置

在工程图样中,工程技术人员经常见到的图线型式有:粗实线、细实线、细点画线(中心线)、粗点画线、双点画线、虚线、波浪线和双折线(AutoCAD 没有该线型)等,因此,在学习利用 AutoCAD 绘制工程图时必须掌握线型的设置方法。

线型是由沿图线显示的线、点和间隔组成的图样。可以通过图层指定对象的线型,也可以不依赖图层而明确地指定线型。图层的概念及应用将在项目六中作具体介绍,这里介绍不依赖图层而设置线型的方法。

在使用 AutoCAD 绘图时,用户选择了某个线型后,可以设置该线型的比例以控制横线和空格的大小。此外,用户也可以创建自定义线型。

1. 加载线型

工程人员一般在作图开始时就加载所需线型,以便需要时使用。AutoCAD 中包括了 acad.lin 和 acadiso.lin 这两种线型的定义文件。如果使用英制单位,请使用 acad.lin 文件;如果使用公制系统,请使用 acadiso.lin 文件。

单击"菜单浏览器"按钮,选择"格式"→"线型"命令,或者在"属性"面板中的"线型"下拉列表框中,单击"其他"选项,在弹出的"线型管理器"对话框中,单击"加载"按钮,弹出"加载或重载线型"对话框,在该对话框中选择需要的线型。

如图 2-22 所示为加载当前线型的方法。

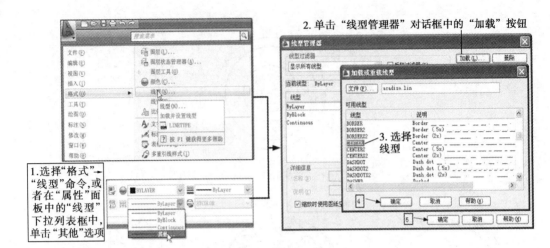

图 2-22　加载线型

2. 设置线型比例

默认情况下,在图 2-23 所示的"线型管理器"对话框中,全局线型和单个线型比例均设置为 1.0。比例越小,每个绘图单位中生成的重复图案就越多。例如,设置为 0.5 时,每个图形单位在线型定义中显示重复两次的同一图案。不能显示完整线型图案的短线段显示为连续线。对于太短,甚至不能显示一个虚线小段的线段,可以使用更小的线型比例。

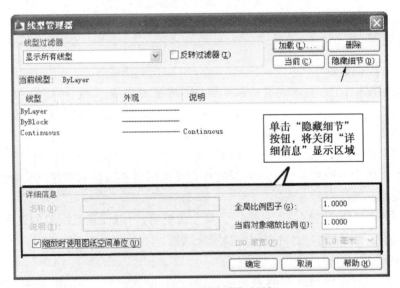

图 2-23　"线型管理器"对话框

"全局比例因子"的值用于控制全局修改和新建现有对象的线型比例。"当前对象缩放比例"的值用于设置新建对象的线型比例。

(二) 线宽的设置

设置当前线宽就是改变线条的宽度,线宽值由"随层"、"随块"和"默认"在内的标准设置组成。值为 0 的线宽以指定打印设备上可打印的最细线进行打印,在模型空间中则以一个像素的宽度显示。读者可以通过图层指定对象的线宽,也可以不依赖图层而指定对象的线宽。如果不依赖图层而指定对象的线宽,可以在"线宽设置"对话框中的"线宽"列表框或者"特性"面板中的"选择线宽"下拉列表框中,选择一种线宽即可。如图 2-24 所示为不依赖图层时设置当前线宽的两种方法。

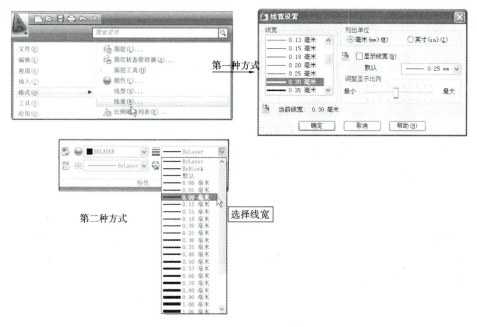

图 2-24　设置线宽

"线宽设置"对话框中的各选项说明:

(1)"线宽"列表框:用于选择线条的宽度。

(2)"列出单位"选项区域:用于设置线宽的单位,可以选择毫米或者英寸,1 英寸 = 25.4 毫米。

(3)"显示线宽"复选框:用于设置是否按照实际线宽来显示图形。

(4)"默认"下拉列表框:用来设置默认线宽值,即关闭显示线宽后显示的线宽。

(5)"调整显示比例"选项区域:移动其中的滑块,可以设置线宽的显示比例。

(三) 圆弧的绘制

单击"菜单浏览器"按钮,选择"绘图"→"圆弧"命令及子菜单命令,或者在"绘图"面板中通过"圆弧"命令按钮可以以 11 种不同的方式绘制圆弧,如图 2-25 所示。

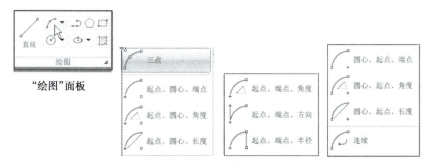

图 2-25　绘制圆弧的 11 种方式

(1) 三点：指定圆弧上的起点、第二点和端点绘制圆弧。
(2) 起点、圆心、端点：指定圆弧的起点、圆心和端点绘制圆弧。
(3) 起点、圆心、角度：指定圆弧的起点、圆心和包含角度绘制圆弧。
(4) 起点、圆心、长度：指定圆弧的起点、圆心和弦长绘制圆弧。
(5) 起点、端点、角度：指定圆弧的起点、端点和包含角度绘制圆弧。
(6) 起点、端点、方向：指定圆弧的起点、端点和给定起点的切线方向绘制圆弧。
(7) 起点、端点、半径：指定圆弧的起点、端点和半径绘制圆弧。
(8) 圆心、起点、端点：指定圆弧的圆心、起点和端点绘制圆弧。
(9) 圆心、起点、角度：指定圆弧的圆心、起点和包含角度绘制圆弧。
(10) 圆心、起点、长度：指定圆弧的圆心、起点和弦长绘制圆弧。
(11) 连续：以前一对象的终点为起点，绘制与前一对象相切的圆弧。

注意：在圆弧的绘制中，包含角为正时，弧线按逆时针方向绘制；反之按顺时针方向绘制。

（四）阵列对象

对选定对象进行矩形或环形式复制。单击"菜单浏览器"按钮，选择"修改"→"阵列"命令，或者在"修改"面板中通过"阵列"命令按钮来阵列对象。执行阵列对象的一般操作过程如图 2-26 所示。

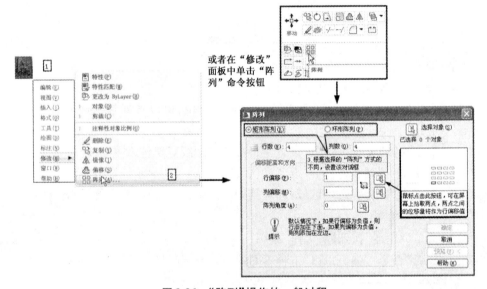

图 2-26 "阵列"操作的一般过程

（1）"矩形阵列"通过设置行、列数目及行、列偏移量控制复制的效果。行偏移量、列偏移量和阵列角度的正负值影响阵列的方向，如果行偏移量、列偏移量和阵列角度为正值，将使阵列沿 X 轴及 Y 轴的正方向并按逆时针方向阵列复制对象，负值则相反。

（2）"环形阵列"通过设置阵列中心、阵列数目和角度控制复制的效果。单击"环形阵列"选项，对话框变为如图 2-27 所示的形式。

① "中心点"：用于设置环形阵列的中心坐标，可以直接输入坐标或用鼠标拾取坐标。
② "方法"下拉列表框：有"项目总数和填充角度"、"项目总数和项目间角度"、"填充角

度和项目间角度"三个选项,其中"项目总数"包括原对象;"填充角度"指围绕阵列圆周要填充的角度;"项目间角度"指定每个项目之间的角度。

③ "复制时旋转项目"复选框:选择该项,阵列后对象按照一定角度旋转复制;反之则不旋转。

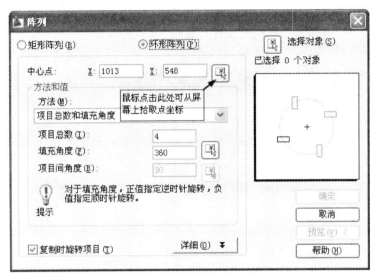

图 2-27 "环形阵列"时的对话框

(五) 偏移对象

将对象平移到指定的距离,生成一个与源对象形状相似且平行的新对象。单击"菜单浏览器"按钮,选择"修改"→"偏移"命令,或者在"修改"面板中通过"偏移"命令按钮来偏移对象,偏移的操作过程按照图 2-28 的提示进行。

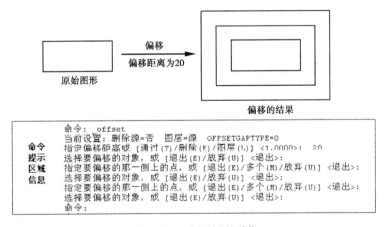

图 2-28 对象的"偏移"

选项说明:

(1) 通过(T):选择等距线通过的指定点来偏移对象。

(2) 图层(L):指定对象被偏移后所显示的图层,如选"当前(C)",则对象被偏移后的图层为当前图层;选"源(S)",则对象被偏移后的图层保持不变,仍为源图层。

▶作图步骤

① 启动 AutoCAD 2009,不做任何绘图环境的设置。

② 单击"菜单浏览器"按钮,选择"格式"→"线型"命令,在弹出的"线型管理器"对话框中,单击"加载"按钮,弹出"加载或重载线型"对话框,在该对话框中选择"CENTER"线型。如图 2-29 所示为加载"CENTER"线型后的"线型管理器"对话框。全局线型和单个线型比例均采用默认设置 1.0。

图 2-29 设置 CENTER 线型

③ 在"特性"面板中,从"选择线型"下拉列表中选择"CENTER"线型作为绘制中心对称线所用的线型,从"选择线宽"下拉列表中选择 0.15 mm 作为中心对称线的宽度。然后执行"直线"命令,绘制如图 2-30 所示的图形。

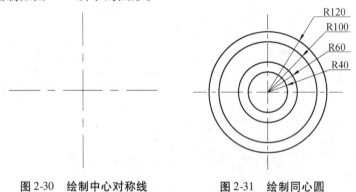

图 2-30 绘制中心对称线   图 2-31 绘制同心圆

④ 在"特性"面板中,从"选择线型"下拉列表中选择"Continuous"线型作为绘制圆所用的线型,从"选择线宽"下拉列表中选择 0.30 mm 作为圆线的宽度。然后执行"圆"命令,以"圆心、半径"方式绘制,圆心通过"对象捕捉",锁定在对称线的交点位置,绘制如图 2-31 所示的图形(有关尺寸见图,暂不要求标注尺寸)。

⑤ 设置点的样式,如图 2-32 所示。取"点样式"对话框中的第一行第四列的样式。设置点的大小为 2%。将半径为 120 mm 和 100 mm 的圆分成 18 等份,如图 2-33 所示。

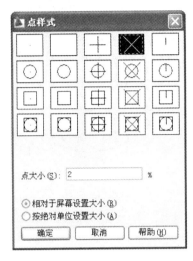

图 2-32 设置等分点的样式　　　　图 2-33 将圆分成 18 等份

⑥ 继续采用步骤④中设置的"Continuous"线型和 0.30 mm 线宽。执行"圆弧"命令,采用"三点"的方式绘制圆弧,依次连接图 2-34 中左图所示的 1、20、O 三点,形成一段圆弧;接着采用同样绘制圆弧的方式,连接 1、19、34 三点(如果用户要重复刚使用过的命令,可以按【Enter】键或空格键)。如果不采用技巧的话,可以继续采用"三点"的方式绘制圆弧。最终绘制出图 2-34 中右图所示的图形。

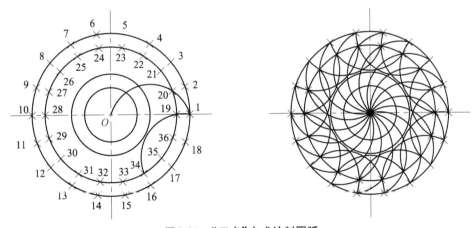

图 2-34 "三点"方式绘制圆弧

⑦ 执行"修剪"命令,删除图 2-34 所示的右图中多余的线段,修剪多余线段的过程如图 2-35 所示。

⑧ 执行"删除"命令,将图 2-35 所示的右图中半径分别为 120 mm、100 mm 的两个圆以及节点全部删除掉。

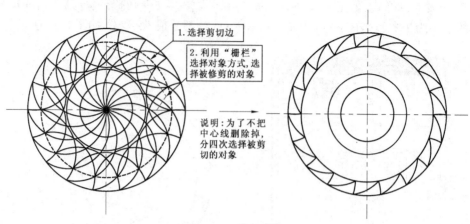

图 2-35 修剪圆弧

步骤⑥到⑧也可以采用图 2-36 所示的操作过程完成。在完成步骤⑤后,执行"圆弧"命令,绘制图 2-34 中左图所示的图形,再执行"修剪"命令和"删除"命令,形成只有一个齿的棘轮草图。最后,通过环形阵列方式,构建棘轮的其他齿。

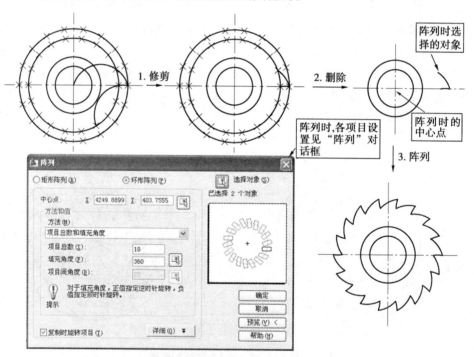

图 2-36 采用"环形阵列"方式绘制棘轮的齿

⑨ 绘制键槽。利用"偏移"命令,将中心线按照图 2-37(a)所示的尺寸偏移(偏移量为 7.5 mm 和 48 mm);作好几条辅助线后,仍采用"Continuous"的线型和 0.30 mm 的线宽,执行"直线"命令进行键槽处的轮廓线绘制,如图 2-37(b)所示;再先后执行"修剪"和"删除"命令,完成棘轮的最后绘制任务,如图 2-37(d)所示。

第二章　AutoCAD 基本图形绘制与编辑

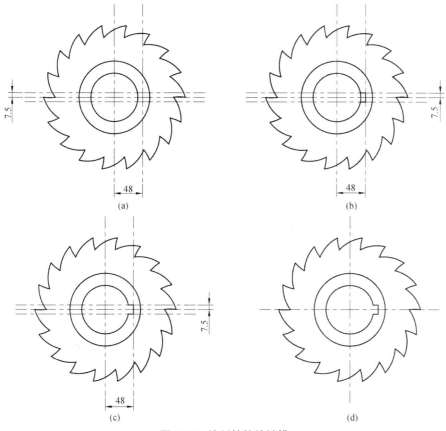

图 2-37　绘制棘轮的键槽

项目三　六角螺栓的绘制

【学习要点】
- 掌握基本绘图命令"正多边形"的应用方法。
- 掌握"自动追踪"的设置方法。
- 掌握"镜像"、"倒角"等基本图形编辑命令的应用方法。

▶项目内容

完成如图 2-38 所示的平面图形"六角螺栓"的绘制任务。

▶作图思路

如图 2-38 所示的六角螺栓，是工程中常用的螺纹连接件。通过视图可以看出，该图形包含了直线、正多边形、圆等基本图形元素。此外，在该图形绘制过程中，可以借助"倒角"、"镜像"等命令提高绘图效率。

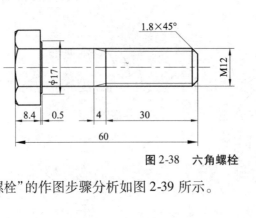

图 2-38 六角螺栓

"六角螺栓"的作图步骤分析如图 2-39 所示。

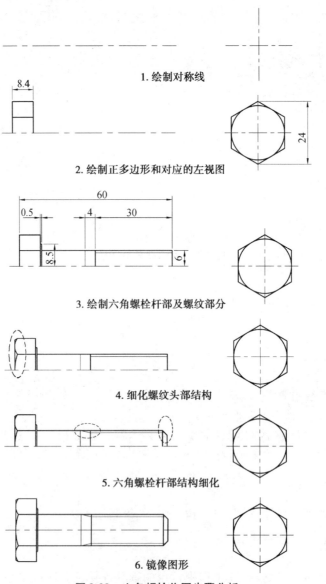

图 2-39 六角螺栓作图步骤分析

第二章 AutoCAD 基本图形绘制与编辑

▶ **理论基础**

（一）自动追踪的设置

在 AutoCAD 中绘制图形时，用相对图形中的其他点来定位点的方法称为追踪。自动追踪是一种非常有用的辅助绘图工具，利用它可以按指定的角度来绘制对象，或者绘制与其他对象有特定关系的对象，使用自动追踪功能可以快速而精确地定位点，从而大大提高绘图效率，减少绘制图形的麻烦，简化绘图步骤。对象追踪包括"极轴追踪"和"对象捕捉追踪"两大类。

1. 设置自动追踪参数

单击"菜单浏览器"按钮，选择"工具"→"选项"命令，然后找到"草图"选项卡，设置自动追踪的参数，如图 2-40 所示。

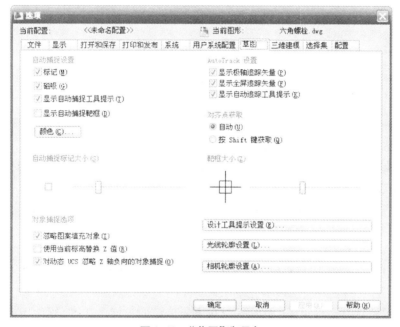

图 2-40 "草图"选项卡

2. 使用极轴追踪

要对极轴追踪的参数进行设置，可以选择"工具"→"草图设置"命令，或在状态栏的"对象追踪"按钮上单击鼠标右键，在弹出的快捷菜单中选择"设置"命令，再找到"极轴追踪"选项卡，如图 2-41 所示。

"极轴追踪"选项卡的各选项说明：

（1）"启用极轴追踪"复选框：用于确定打开或关闭极轴追踪功能，选择"极轴追踪"选项，出现"√"符号，表示极轴追踪已打开（若清除此"√"，则关闭）。也可以通过【F10】键来打开或关闭极轴追踪。

（2）"极轴角设置"选项：用于设置极轴角度，包括"增量角"、"附加角"。可以在"增量角"下拉列表框中选择角度增量。如果在"增量角"下拉列表框中预设的角度不能满足需要，则可以选择"附加角"复选框，然后单击"新建"按钮创建附加角度。

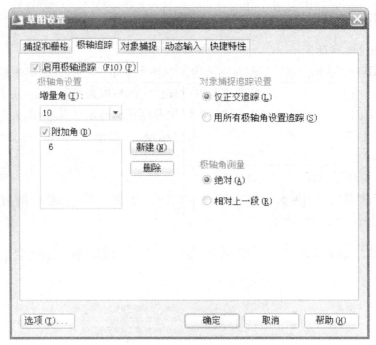

图 2-41 "极轴追踪"选项卡

（3）"极轴角测量"选项：用于设置极轴追踪对齐角度的测量基准。其中，选择"绝对"单选项，可以基于当前读者坐标系确定极轴追踪角度；选择"相对上一段"单选项，可以基于最后绘制的线段确定极轴追踪角度。

启用"极轴追踪功能"并设置极轴角后，在绘制图形时，系统将在设置的极轴角的整数倍角度及附加角处出现临时辅助线。

3．使用对象捕捉追踪

对象捕捉追踪是指按照与对象的某种特定关系来追踪。这种特定关系确定了一个事先并不知道的角度。也就是说，如果事先不知道具体的追踪方向和角度，但知道与其他对象的某种关系，则可用对象捕捉追踪；如果事先知道要追踪的方向和角度，则使用极轴追踪，在AutoCAD 2009 中，"对象捕捉追踪"和"极轴追踪"可同时使用。

可利用如图 2-41 所示的"草图设置"对话框中"极轴追踪"选项卡中的"对象捕捉追踪设置"选项组来设置对象捕捉追踪。其中各选项意义如下：

（1）"仅正交追踪"单选项：表示在启用对象捕捉追踪时，只显示获取的对象捕捉点的正交对象捕捉追踪路径。

（2）"用所有极轴角设置追踪"单选项：表示可以将极轴追踪设置应用到对象捕捉追踪。使用对象捕捉追踪时，光标将从获取的对象捕捉点起沿极轴对齐角度进行追踪。

（二）正多边形的绘制

单击"菜单浏览器"按钮，选择"绘图"→"正多边形"命令，或者在"绘图"面板中通过"正多边形"命令按钮来绘制正多边形图形。在 AutoCAD 2009 中，绘制正多边形，用户根据已知的绘图条件，可以从三种绘制正多边形的不同方式中选择某种方式来绘制，如图 2-42 所示。

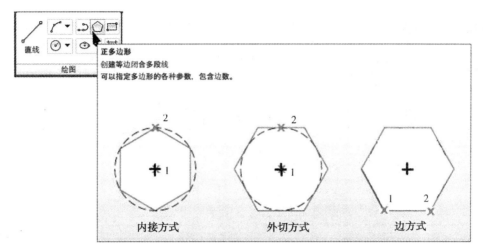

图 2-42 绘制正多边形

调用"正多边形"命令后,命令提示行提示下面的信息:

命令:_polygon

输入边的数目 <4>:(指定正多边形的边数)

指定正多边形的中心点或 [边(E)]:

输入选项 [内接于圆(I)/外切于圆(C)] <I>:(确定内接或外切于圆)

指定圆的半径:(回车)

下面就提示中相关信息进行简单介绍:

(1) 指定正多边形的中心点:利用多边形的假想外接圆或内切圆绘制正多边形。选择"内接于圆(I)"的方式表示以内接于圆的方式来绘制正多边形;选择"外切于圆(C)"的方式表示以外切于圆的方式来绘制正多边形。也就是说,用户在正多边形的绘制中,如果已知正多边形的中心点到顶点的距离,则可以使用"内接于圆(I)"的方式绘制正多边形;如果已知正多边形的中心点到边的距离,则可以使用"外切于圆(C)"的方式绘制正多边形。

(2) 边(E):根据正多边形某一条边的两个端点位置绘制图形。也就是说,用户在正多边形的绘制中,如果已知正多边形的边长值,则可以通过给定的边数和已知的边长来完成正多边形的绘制。

(三) 镜像对象

"镜像"命令可以将选中的对象按指定的镜像线对称复制。单击"菜单浏览器"按钮,选择"修改"→"镜像"菜单项,或者单击"修改"面板中"镜像"命令按钮后,AutoCAD 提示如下信息:

命令:_mirror(输入命令)

选择对象:指定对角点:找到 4 个(选择要镜像的对象)

选择对象:(按回车键结束对象的选择)

指定镜像线的第一点:(给定镜像线上一点)

指定镜像线的第二点:(给定镜像线上另一点)

要删除源对象吗?[是(Y)/否(N)] <N>:

"镜像"操作的一般过程如图 2-43 所示。

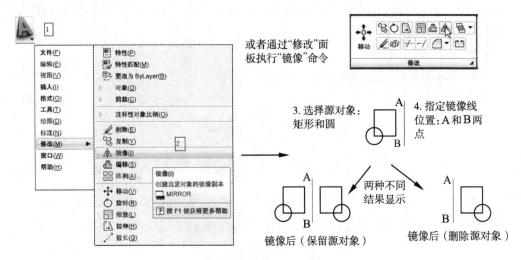

图 2-43　"镜像"操作的一般过程

（四）倒角

使用"倒角"命令能为两条相交直线、多段线、矩形等图形倒角，也可以为三维实体的边倒角。用户单击"菜单浏览器"按钮，选择"修改"→"倒角"菜单项，或者单击如图 2-44 所示的"修改"面板中的"倒角"图标按钮，都可执行"倒角"命令。

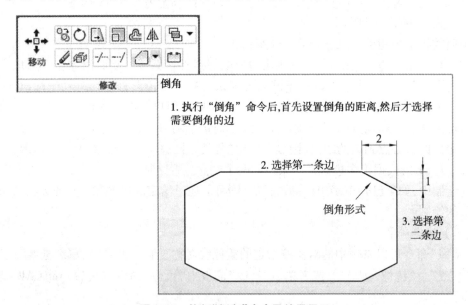

图 2-44　执行"倒角"命令及结果显示

执行上面的操作后，命令行提示如下信息：

命令：_chamfer

选择第一条直线[放弃(U)/多段线(P)/距离(D)/角度(A)/修剪(T)/方式(E)/多个(M)]：

选择第二条直线，或按住 Shift 键选择要应用角点的直线：

下面对提示信息中的选项进行说明：

(1) 选择第一条直线:此选项为默认选项,用于指定倒角的两条直线中的第一条。
(2) 多段线(P):选择该选项,可以对整条多段线进行倒角操作。
(3) 距离(D):用于重新定义倒角的距离。
(4) 角度(A):用于设置第一条线的倒角距离和第一条线的倒角角度。
(5) 修剪(T):用于确定倒角后是否对相应的倒角边进行修剪。
(6) 方式(E):用于确定按什么方式倒角。
(7) 多个(M):用于对多个对象倒角。

▶作图步骤

① 启动 AutoCAD 2009,不做任何绘图环境的设置。

② 单击"菜单浏览器"按钮 ,选择"格式"→"线型"命令,在弹出的"线型管理器"对话框中,单击"加载"按钮,弹出"加载或重载线型"对话框,在该对话框中选择"CENTER"线型。如图 2-45 所示为加载"CENTER"线型后的"线型管理器"对话框。全局线型和单个线型比例均采用默认设置 1.0。

图 2-45　设置对称线的线型

③ 在"特性"面板中,从"选择线型"下拉列表中选择"CENTER"线型作为绘制中心对称线所用的线型,从"选择线宽"下拉列表中选择 0.15 mm 作为中心对称线的宽度。然后执行"直线"命令,绘制如图 2-46 所示的图形。

图 2-46　绘制中心对称线

④ 在"特性"面板中,从"选择线型"下拉列表中选择"Continuous"线型作为绘制圆所用的线型,从"选择线宽"下拉列表中选择 0.30 mm 作为图线的宽度。

⑤ 执行"正多边形"命令,绘制如图 2-47 右图所示的正六边形(采用内接于圆的方式),正多边形外接圆的圆心为对称线的交点位置,外接圆的半径为 12。

⑥ 执行"圆"命令,绘制正六边形的内切圆(采用"相切、相切、相切"方式)。

⑦ 启用"对象捕捉"与"对象追踪",执行"直线"命令,捕捉右边图形中正六边形的最上端的端点 A,绘制水平长度为 8.4 的线段 CD。注意,C 点的位置与对称线 A′B′ 左端点 A′ 的水平距离建议一般不超过 10 mm。

⑧ 执行"直线"命令,捕捉线段 CD 的两个端点 C 和 D,绘制竖直的两条线段(CG 和 DH),交点分别为 G 和 H;然后执行"直线"命令,同样采用对象追踪的方法绘制第二条水平线段 EF,如图 2-47 所示(有关尺寸见图,暂不要求标注尺寸)。

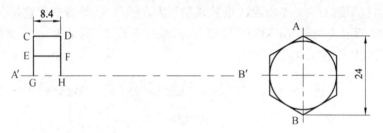

图 2-47 绘制螺栓头部结构

⑨ 利用"偏移"和"修剪"命令,以及改变线型的方式完成螺栓杆部及螺纹部分直线的绘制,具体尺寸如图 2-48 所示。

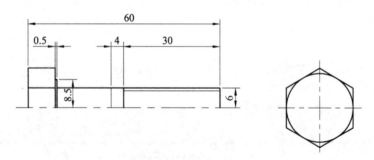

图 2-48 绘制螺杆部分

⑩ 执行"圆"命令,采用"圆心、半径"的方式绘制圆,然后借助"修剪"命令,完成如图 2-49 所示 1 处的螺栓头部结构(用户根据螺栓的近似画法绘制)。

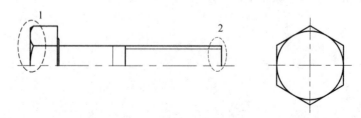

图 2-49 细化螺栓头部结构

⑪ 执行"倒角"命令,完成图 2-49 所示中的螺栓杆部结构 2 处的倒角,并连接螺栓杆部的剩余的线,结果如图 2-50 所示。

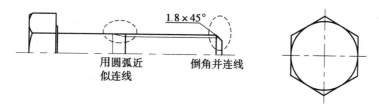

图 2-50　细化螺栓杆部结构

⑫ 执行"镜像"命令,将图 2-50 所示的左图中对称线上半部分进行"镜像"(镜像线位置为对称线 A′B′的位置),得到螺栓的下半部分结构,完成六角螺栓的绘制,如图 2-51 所示。

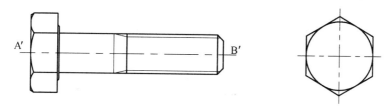

图 2-51　采用"镜像"方式得到六角螺栓的下半部分对称结构

项目四　轴的绘制

【学习要点】
- 掌握基本绘图命令"块"、"图案填充"、"多段线"的应用方法。
- 掌握"圆角"等基本图形编辑命令的应用方法。

▶项目内容

完成如图 2-52 所示的平面图形"轴"的绘制任务。

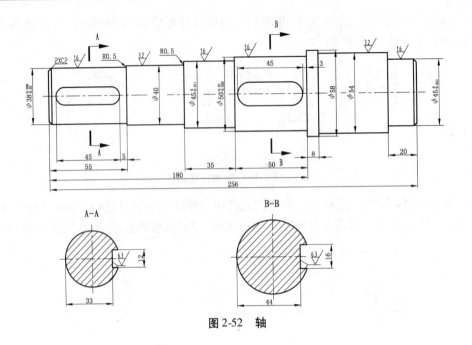

图 2-52 轴

▶作图思路

轴类零件是机械设备中常用的一类零件。从图 2-52 所示的轴结构图可以看出,该图形包含了直线、圆弧等基本图形元素。在绘制该图形过程中,可以借助 AutoCAD 的"图案填充"命令完成图中剖面线的绘制,另外,在图中多处出现的"粗糙度"符号,可以使用"块"命令。该轴的绘制,可以参考图 2-53 所示的过程完成。

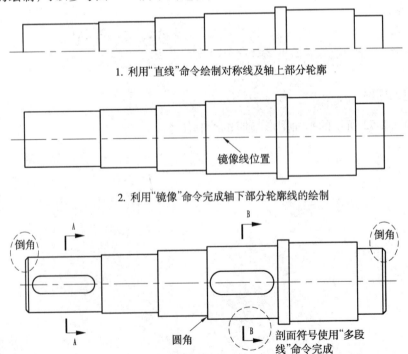

1. 利用"直线"命令绘制对称线及轴上部分轮廓

2. 利用"镜像"命令完成轴下部分轮廓线的绘制

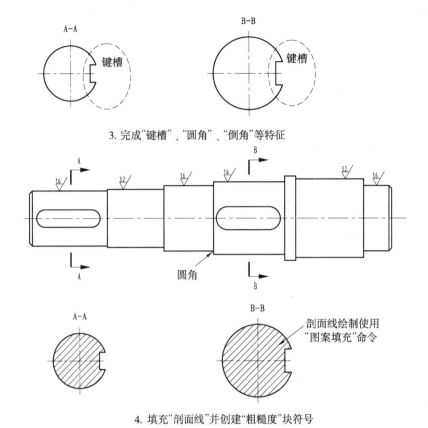

图 2-53 "轴"的作图分析

▶ **理论基础**

(一) 块

块是一个或多个对象组成的对象集合,常用于绘制复杂、重复的图形。一旦一组对象组合成块,就可以根据作图需要将这组对象插入到图中任意指定的位置,而且还可以按不同的比例和旋转角度插入。在 AutoCAD 中,使用块可以提高绘图速度、节省存储空间、便于修改图形。

块的创建可以分为两种:一种是内部块,另一种是外部块。内部块只保存于当前图形文件中,而外部块可以保存在磁盘上,在绘制其他图形时也可以插入块。

AutoCAD 2009 允许为图块附加文本信息,以增强图块的通用性和可读性,这些文本信息称为块的属性。块的属性是附属于块的非图形信息,也是块的组成部分。通常属性在图块插入过程中进行自动注释。

1. 内部块的创建

以如图 2-54 所示的"粗糙度"符号创建图块为例,以下是具体步骤:

① 绘制要定义的图块的所有图形实体。

② 在"功能区"选项板中选择"块和参照"选项卡,在"属

图 2-54 "粗糙度"符号

性"面板中单击"定义属性"按钮，打开"属性定义"对话框，并定义有关参数，如图2-55所示。

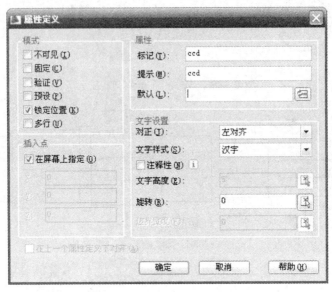

图2-55 "属性定义"对话框

单击"确定"按钮，完成属性定义。这时，需要将定义的属性放置在图形中恰当的位置，如图2-56所示。

③ 在"功能区"选项板中选择"块和参照"选项卡，在"块"面板中单击"创建块"按钮，打开"块定义"对话框，如图2-57所示。

④ 输入块的名称：粗糙度。

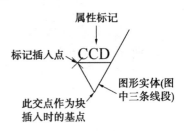

图2-56 创建属性

图2-57 "块定义"对话框

⑤ 单击"块定义"对话框的"拾取点"按钮，在绘图窗口中定义粗糙度的底部交点为基点，如图2-56所示。

⑥ 单击"块定义"对话框的"选择对象"按钮，在绘图窗口中选择组成粗糙度的所有实体，包括刚刚定义的块的属性，然后按【Enter】键确定，返回"块定义"对话框，如图2-58所示。

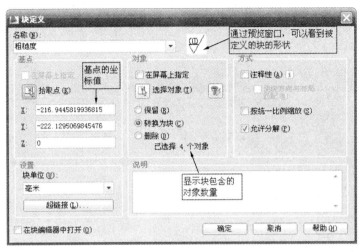

图2-58 定义"粗糙度"块的对话框

2. 外部块的创建

内部块只能在图块所在的当前图形文件中使用，不能被其他图形引用。而实际的工程设计中，往往需要把定义好的图块进行共享，使所有用户都能很方便地引用。这就得使图块成为公共图块，即可供其他的图形文件插入和使用。AutoCAD 2009提供了"block"命令，将图块单独以图形文件形式存盘。具体步骤如下：

① 在命令行输入：wblock 或 w，调用"保存图块"命令后，打开"写块"对话框，如图2-59所示。

图2-59 "写块"对话框

② 在"源"选项区域有三个单选按钮,选中"块"单选按钮,可以从下拉列表框中选择当前图形中已经创建的图块"粗糙度"。

③ 在"目标"选项区域设置保存图块的文件名称、路径和插入单位等。图块的名称和保存路径可以在"文件名和路径"文本框中直接输入;也可从其下拉列表框中选择;还可以单击其右边的按钮,从如图2-60所示的"浏览图形文件"对话框中,选择需要保存的文件位置。

图2-60 "浏览图形文件"对话框

3. 插入图块

插入图块是指将已经定义好的图块插入到当前的图形文件中,具体步骤如下:

① 在"功能区"选项板选择"块和参照"选项卡,在"块"面板中单击"插入块"按钮,打开"插入"对话框,如图2-61所示。

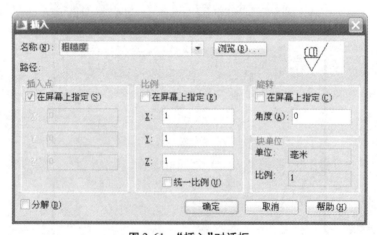

图2-61 "插入"对话框

② 在"名称"文本框中输入要插入的块的名字:粗糙度;或者通过"浏览"按钮选择已经定义好的"粗糙度"图块。

③ 在"插入点"选项区域设置图块的插入点。选中"在屏幕上指定"复选框,然后在绘

图区用光标指定插入点。

④ 在"比例"选项区域设置图块的插入比例。

⑤ 在"旋转"选项区域设置图块插入时的旋转角度。

⑥ "分解"复选框用于设置是否将插入的图块分解成各个独立的对象。

4．编辑图块属性

单击"菜单浏览器"按钮，在弹出的菜单中选择"修改"→"对象"→"属性"→"单个"命令，可以编辑图块的属性；另外，用户也可以通过如图2-62所示的菜单，选择"编辑单个属性"按钮，执行图块属性编辑命令。

图2-62 通过"编辑单个属性"按钮方式编辑图块属性

执行编辑图块属性命令后，AutoCAD 2009命令行会提示以下信息：

命令：_eattedit

选择块：

用户选择要编辑的图块(如上面创建的"粗糙度"符号块)，然后AutoCAD 2009弹出如图2-63所示的对话框。该对话框有"属性"、"文字选项"、"特性"三个选项卡。

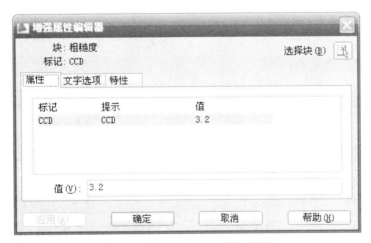

图2-63 "增强属性编辑器"对话框

对话框中三个选项卡的功能说明如下：

(1) "属性"选项卡：显示指定给每个属性的标记、提示和值。只能更改属性值。

(2) "文字选项"选项卡：用于定义属性文字在图形中的显示方式的特性。在如

图 2-64 所示的选项卡中,可以进行下列项目的设置:

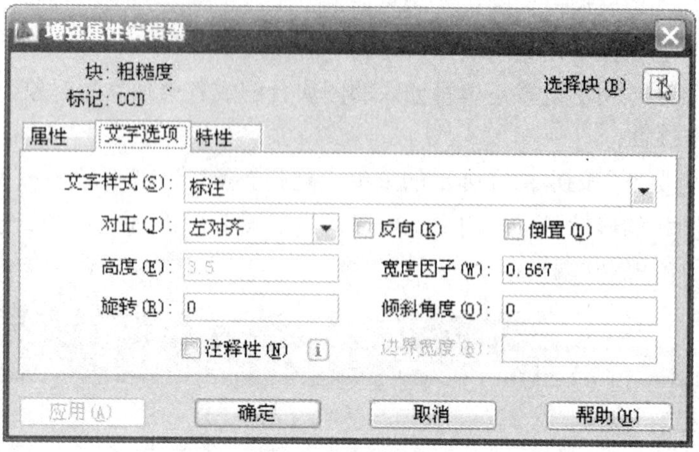

图 2-64 "文字选项"选项卡

① 文字样式:指定属性文字的文字样式。将文字样式的默认值指定给在此对话框中显示的文字特性。

② 对正:指定属性文字的对正方式(左对齐、居中对齐或右对齐)。

③ 高度:指定属性文字的高度。

④ 旋转:指定属性文字的旋转角度。

⑤ 反向:指定属性文字是否反向显示。

⑥ 颠倒:指定属性文字是否倒置显示。

⑦ 宽度因子:设置属性文字的字符间距。输入小于 1.0 的值将压缩文字,输入大于 1.0 的值则扩大文字。

⑧ 倾斜角度:指定属性文字自垂直轴倾斜的角度。

(3)"特性"选项卡:定义属性所在的图层以及属性文字的线宽、线型和颜色,如图 2-65 所示。

① 图层:指定属性所在图层。

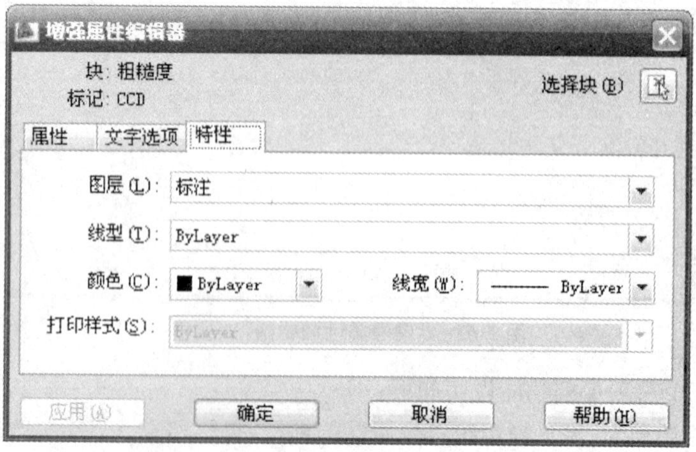

图 2-65 "特性"选项卡

② 线型:指定属性的线型。
③ 颜色:指定属性的颜色。
④ 打印样式:指定属性的打印样式。如果当前图形使用颜色相关打印样式,则"打印样式"列表不可用。
⑤ 线宽:指定属性的线宽。如果 LWDISPLAY 系统变量关闭,将不显示对此选项所做的更改。

(二) 图案填充

在绘制工程图形时,经常需要使用某一种图案来充满某个指定区域,用以表达对象的某种材料类型,这个过程就叫做图案填充。图案填充的应用非常广泛,常用在剖视图中,增加图形的可读性。

用户如果需要对图形指定区域进行图案填充,单击"菜单浏览器"按钮,在弹出的菜单中选择"绘图"→"图案填充"命令,开始进行图案填充。在弹出的"图案填充和渐变色"对话框中(图2-66),可以设置图案填充时的类型和图案、角度和比例等特性。

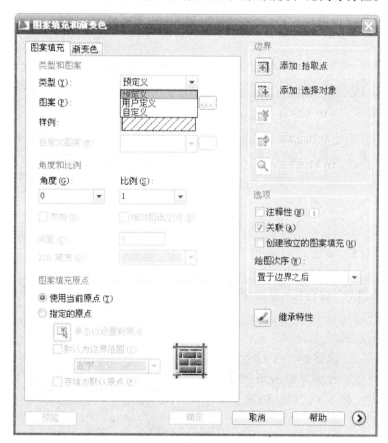

图2-66 "图案填充和渐变色"对话框

下面对部分选项区域进行说明:

1. "类型和图案"选项区

类型下拉列表中给出了以下三种类型可供用户选择:

(1) 预定义:预定义填充图案是由 AutoCAD 系统提供的,包括83种填充图案(8种

ANSI 图案、14 种 ISO 图案和 61 种其他预定义图案)。

(2) 用户定义:该类型是基于图形的当前线型创建的直线填充图案,用户可以通过"角度"和"间距"项来控制用户定义图案中的角度和直线间距。

(3) 自定义:表示选用 ACAD.PAT 图案文件或其他图案文件(.PAT 文件)中的图案填充。自定义图案是在任何自定义.PAT 文件中定义的图案,这些文件已添加到搜索路径中,可以控制任何图案的角度和比例。

将"类型"设置为"预定义",图案下拉列表选项才可用,用户可以单击 按钮,然后从显示的"填充图案选项板"对话框中选择图案进行填充。

2. "角度和比例"选项区

(1) 角度:用于设置填充图案的旋转角度。每种图案在定义时的初始角度为零,用户可在"角度"编辑框内选择或输入希望的旋转角度。

(2) 比例:用于设置图案填充时的比例值。每种图案在定义时的初始比例为 1,用户可根据需要在"比例"编辑框内输入希望放大或缩小的相应比例值。

(3) 间距:用于设置填充平行线之间的间距。

3. "边界"选项区

(1) "拾取点"按钮:单击该按钮后,切换到绘图窗口,可在需要填充的区域内任意指定一点,系统会自动计算出包围该点的封闭填充边界,同时亮显该边界,如图 2-67 所示。

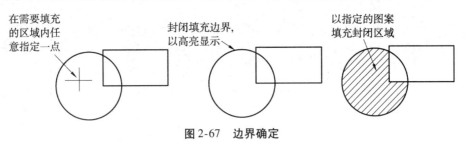

图 2-67 边界确定

(2) "选择对象"按钮:单击该按钮后,切换到绘图窗口,直接选取对象,确定填充区域的边界。

(3) "删除边界"按钮:单击该按钮可以取消用户指定的边界。

4. "图案填充原点"选项区

如图 2-68 所示,该区域用于设置图案填充原点的起始位置。在默认情况下,"使用当前原点"被选中,表示以当前 UCS 的原点 (0,0) 作为图案填充原点。

如果用户选中"指定的原点"项,AutoCAD 2009 给出三种指定方式,其中:

(1) "单击以设置新原点"可以从绘图窗口中选择一点作为图案填充的原点。

(2) "默认为边界范围"则可确定以填充边界的左下角、右下角、左上角、右上角或正中

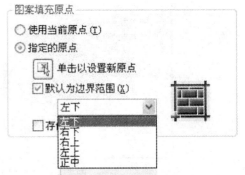

图 2-68 "图案填充原点"选项区

点作为图案填充原点。

(3)"存储为默认原点"可以将指定的点存储为默认的原点。

(三) 多段线

多段线是由若干直线和圆弧连接而成的不同宽度的曲线或折线。单击"菜单浏览器"按钮,在弹出的菜单中选择"绘图"→"多段线"命令,命令行将出现如下提示信息:

命令：_pline

指定起点：

当前线宽为 0.0000

指定下一个点或 [圆弧(A)/半宽(H)/长度(L)/放弃(U)/宽度(W)]：

指定下一个点或 [圆弧(A)/闭合(C)/半宽(H)/长度(L)/放弃(U)/宽度(W)]：

其中各项的意义如下：

(1) 圆弧(A)：以圆弧的形式绘制多段线。

(2) 闭合(C)：自动将多段线闭合。

(3) 半宽(H)：设置多段线的半宽度值。

(4) 长度(L)：指定下一段多段线的长度。

(5) 放弃(U)：取消刚刚绘制的那一段多段线。

(6) 宽度(W)：设置多段线的宽度值。

(四) 圆角

利用已知半径的圆弧,在直线、圆弧或者圆之间以指定的半径作圆角。执行圆角对象的一般操作过程如图 2-69 所示。

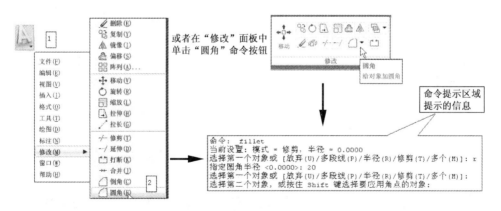

图 2-69 "圆角"操作的一般过程

命令提示区域的选项说明如下：

(1) 选择第一个对象：该选项为默认选项,当命令窗口显示的当前设置修剪模式和圆角半径值正好是用户所需要的,就可以直接拾取第一个实体对象,紧接着选择第二个对象,然后结束命令。如图 2-69 所示,半径值显示为 0,用户就得重新设置"半径(R)"的值。

(2) 多段线(P)：为了对二维多段线、矩形和正多边形进行圆角。

(3) 半径(R)：当命令窗口显示的当前圆角半径不是用户所需要的,选择该选项可以重新设置圆角半径。

(4) 修剪(T):设置两条原线段在圆角时是否修剪,默认情况为修剪模式。

(5) 多个(M):连续进行多个圆角操作。

▶ **作图步骤**

① 启动 AutoCAD 2009,不做任何绘图环境的设置。

② 单击"菜单浏览器"按钮,在弹出的菜单中选择"格式"→"线型"命令,弹出的"线型管理器"对话框(图 2-70),单击"加载"按钮,弹出"加载或重载线型"对话框,在该对话框中选择"CENTER"线型,全局线型和单个线型比例均采用默认设置 1.0。

图 2-70 添加"CENTER"线型

③ 在"特性"面板中,从"选择线型"下拉列表中选择"CENTER"线型作为绘制中心对称线所用的线型,从"选择线宽"下拉列表中选择 0.15 mm 作为中心对称线的宽度。然后执行"直线"命令,绘制如图 2-71 所示的中心线,长度为 264 mm。

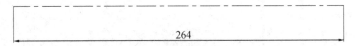

图 2-71 绘制轴对称线

④ 在"特性"面板中,从下拉列表中选择"Continuous"线型作为绘制轮廓线所用的线型,从"选择线宽"下拉列表中选择 0.30 mm 作为轮廓线图线的宽度。根据图 2-72 中所示的尺寸,利用"直线"命令,打开"正交"模式,采用"直接输入距离绘制直线方式"绘制轴的

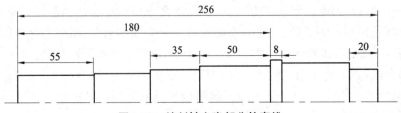

图 2-72 绘制轴上半部分轮廓线

上半部分轮廓线(暂不要求标注尺寸)。

⑤ 单击"菜单浏览器"按钮，在弹出的菜单中选择"修改"→"镜像"命令,对图 2-72 所示的轮廓线进行镜像操作,得到图 2-73 所示图形。

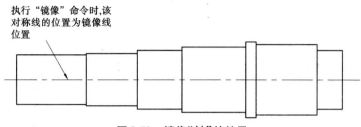

图 2-73　镜像"轴"的结果

⑥ 继续采用步骤④设置的"Continuous"的线型和 0.30 mm 的线宽绘制键槽部分。如图 2-74 所示,主视图中的键槽利用绘制两圆的公切线后修剪得到,移出断面图的键槽结构利用"圆"、"偏移"、"修剪"等命令来完成;剖切符号利用多段线进行绘制。

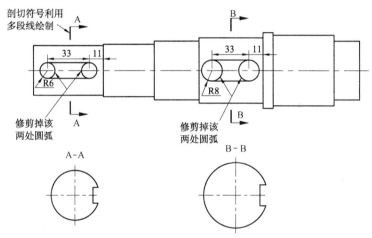

图 2-74　绘制"键槽"轮廓及剖切符号

⑦ 继续采用步骤④设置的"Continuous"的线型和 0.30 mm 的线宽,执行"倒角"、"圆角"命令,对轴的结构进行细化。最终绘制出图 2-75 所示的图形。

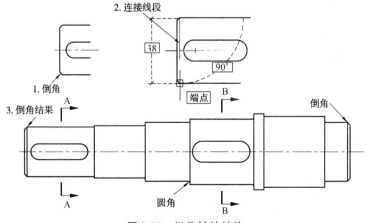

图 2-75　细化轴的结构

⑧ 定义块属性，执行"块"命令，绘制一个粗糙度符号，并将它定义成带有属性的块，然后单击"菜单浏览器"按钮，在弹出的菜单中选择"插入"→"块"命令，将定义好的"粗糙度符号"块插入到图 2-76 所示的位置。注意块属性值的变化。

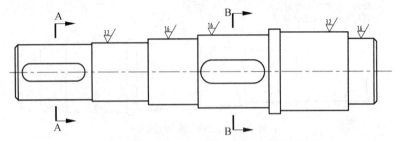

图 2-76　制作"粗糙度符号"块，并执行插入块命令

⑨ 执行"图案填充"命令，弹出如图 2-77 所示的"图案填充和渐变色"对话框，选择"ANSI31"图案，设置比例值为 1，对移出断面图绘制剖面线。

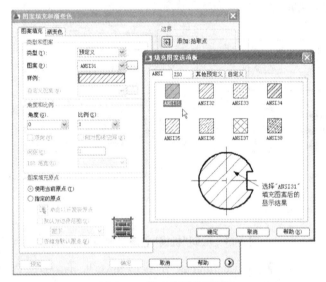

图 2-77　填充移出断面图

⑩ 最后，执行"保存"命令，以"轴"为文件名保存图形文件。

项目五　轴的尺寸标注

【学习要点】
- 掌握"尺寸标注样式"的设置方法。
- 掌握"尺寸标注格式"的设置方法。
- 掌握各种尺寸标注方法。
- 掌握尺寸公差与形状公差的标注方法。

▶**项目内容**

打开项目四完成的平面图形"轴"文件,对该图形进行尺寸标注,结果如图2-78所示。

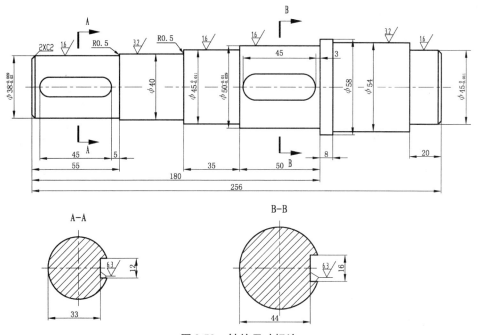

图2-78 轴的尺寸标注

▶**理论基础**

(一)创建尺寸标注样式

在利用AutoCAD 2009进行绘图过程中,使用尺寸标注时,通过设置标注样式可以控制尺寸标注的格式和外观,建立和强制执行图形的绘图标准,并有利于对标注格式及用途进行修改。

通常情况下,AutoCAD使用当前标注样式来创建尺寸标注。如果没有指定当前标注样式,AutoCAD将使用默认的Standard标注样式来创建尺寸标注。用户也可通过创建新标注样式,对尺寸标注的尺寸界线、尺寸线、箭头、中心标记或中心线以及标注文字的内容和外观等进行设置,然后将该标注样式指定为当前标注样式,使用该标注样式进行标注。

若用户需要创建新的标注样式,可单击"菜单浏览器"按钮,在弹出的菜单中选择"格式"→"标注样式"命令,或者在"功能区"选项板中选择"常用"选项卡,在"注释"面板中单击"标注样式"按钮,即可打开"标注样式管理器"对话框,如图2-79所示。

1."标注样式管理器"对话框

"标注样式管理器"对话框中各选项的含义:

(1)当前标注样式:显示当前标注样式的名称。如果绘制新图时,使用的是公制单位,则系统默认的当前标注样式名称为ISO-25。

(2)样式(列表框):显示当前图形中已创建的所有标注样式的名称。

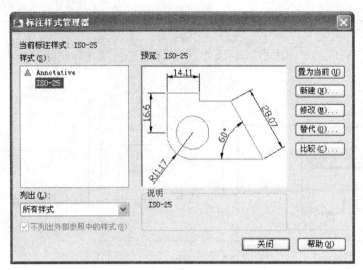

图 2-79　"标注样式管理器"对话框

（3）列出：在该下拉列表中选择"所有样式"或"正在使用的样式"选项来控制"样式"列表框中列出的标注样式。

（4）不列出外部参照中的样式：如果选中该复选框，AutoCAD 将不允许使用外部构造标注样式。

（5）预览：显示当前标注样式的格式和外观。

（6）说明：对所选标注样式进行说明。

（7）置为当前：在"样式"列表框中选择一种标注样式，然后单击该按钮，可将选定的标注样式设置为当前标注样式。

（8）新建：用于创建新的标注样式。

（9）修改：用于修改当前选中的标注样式。

（10）替代：用于设置标注样式的临时替代值。

（11）比较：比较两种标注样式的特性，或者显示某一种标注样式的全部特性。

2．"创建新标注样式"对话框

在"标注样式管理器"中单击"新建"按钮，即可打开"创建新标注样式"对话框，如图 2-80 所示。

"创建新标注样式"对话框中的各选项的含义：

（1）"新样式名"文本框：为新标注样式命名。

图 2-80　"创建新标注样式"对话框

（2）"基础样式"下拉列表框：在该下拉列表中选择一种标注样式作为新样式的基础样式。

（3）"用于"下拉列表框：在该下拉列表中选择新建标注样式的适用范围。其选项包括"所有标注"、"线性标注"、"角度标注"、"半径标注"、"直径标注"、"坐标标注"和"引线与公差"等。

(4)"继续"按钮:单击此按钮,继续完成新标注样式的设置。
(5)"取消"按钮:单击此按钮,将取消新标注样式的创建。
(6)"帮助"按钮:通过读者文档来了解创建新标注样式的方法。
3."新建标注样式"对话框

在"创建新标注样式"对话框中确定新标注样式名称后,单击"继续"按钮,AutoCAD 将弹出"新建标注样式"对话框,如图2-81所示。在"新建标注样式"对话框中,共包括"线"、"符号和箭头"、"文字"、"调整"、"主单位"、"换算单位"和"公差"7个选项卡,用户可通过这些选项卡中的选项来设置新建标注样式的特性。

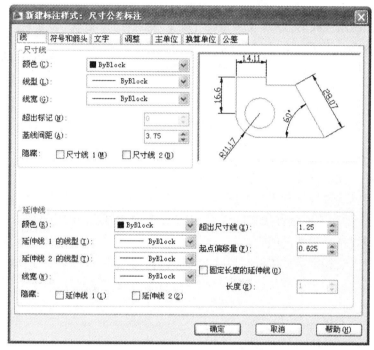

图2-81 "新建标注样式"对话框

"新建标注样式"对话框中的各个选项的含义:
(1)"线"选项卡:用来设置尺寸线和尺寸界线的格式和位置。
(2)"符号和箭头"选项卡:用来设置箭头、圆心标记、弧长符号和半径折弯的格式与位置。
(3)"文字"选项卡:用来设置标注文字的格式、放置位置以及对齐方式。
(4)"调整"选项卡:用来控制标注文字、尺寸线、箭头和引线的放置。
(5)"主单位"选项卡:用来设置主单位的格式和精度,并且还可以设置标注文字的前缀和后缀。
(6)"换算单位"选项卡:用来设置换算单位的格式。
(7)"公差"选项卡:用于设置是否标注公差,以及以何种方式进行标注。

(二)设置尺寸标注格式
1.设置直线格式

在"新建标注样式"对话框中,使用"线"选项卡可以用来设置尺寸线和延伸线(尺寸界线)的格式和位置。在"尺寸线"选项区域中,可以设置尺寸线的颜色、线宽、超出标记以及基线间距等属性。在"延伸线"选项区域中,可以设置尺寸界线的特性。

(1)"尺寸线"选项区域各个选项的含义:

① 颜色:显示并设置尺寸线的颜色,默认情况下,尺寸线的颜色随块。

② 线宽:设置尺寸线的线宽,默认情况下,尺寸线的线宽也是随块。

③ 超出标记:当尺寸箭头使用倾斜、建筑标记、小点以及无标记时,使用该选项来指定尺寸线超出尺寸界线的距离。

④ 基线间距:设置进行基线标注时尺寸线之间的距离,如图2-82所示。

⑤ 隐藏:控制尺寸线的显示。选中"尺寸线1"复选框,将隐藏第一段尺寸线及与之相对应的箭头。同样,选中"尺寸线2"复选框,将隐藏第二段尺寸线及与之相对应的箭头,如图2-83所示。

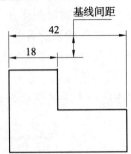

图2-82　基线间距图例

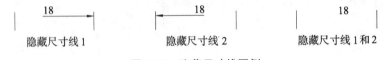

图2-83　隐藏尺寸线图例

(2)"延伸线"选项区域各个选项的含义:

① 颜色:显示并设置尺寸界线的颜色。

② 延伸线1的线型或延伸线2的线型:用于设置尺寸界线的线型。

③ 线宽:设置尺寸界线的线宽。

④ 超出尺寸线:指定尺寸界线在尺寸线上方延伸的距离,如图2-84所示。

⑤ 起点偏移量:用于控制尺寸界线起始点相对轮廓线的偏移量,如图2-85所示。

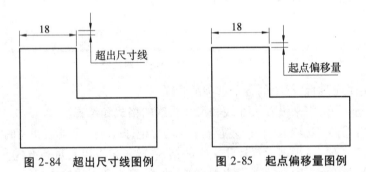

图2-84　超出尺寸线图例　　图2-85　起点偏移量图例

⑥ 隐藏:用来控制尺寸界线的显示。选中"延伸线1"复选框,即可隐藏第一段尺寸界线;选中"延伸线2"复选框,即可隐藏第二段尺寸界线,如图2-86所示。

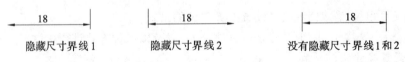

图2-86　隐藏尺寸界线图例

⑦ 固定长度的延伸线:可以使用具有特定长度的尺寸界线标注图形,其中"长度"文本框中可以输入尺寸线的数值。

2. 设置符号和箭头格式

在"新建标注样式"对话框中,使用"符号和箭头"选项卡可以设置箭头、圆心标记、弧长符号和半径折弯的格式与位置,如图 2-87 所示。

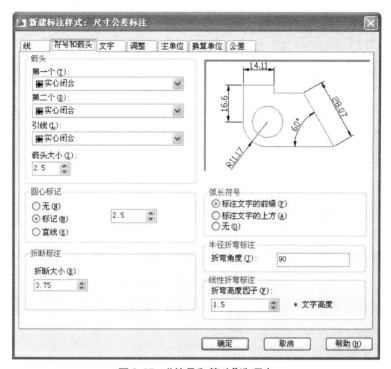

图 2-87 "符号和箭头"选项卡

(1)"箭头"选项区域中各选项的含义:

① 第一个:设置尺寸线的第一端箭头形状。在该下拉列表中选择一种箭头类型,以指定尺寸线的第一端箭头。尺寸线的另一端箭头符号此时将自动更改,以匹配第一端箭头。

② 第二个:设置尺寸线的另一端箭头类型。

③ 引线:设置引线箭头的类型。

④ 箭头大小:设置箭头的大小。

(2)"圆心标记"选项区域中各选项的含义:

①"无"单选按钮:在标注圆或者圆弧的圆心标记时,在圆或者圆弧的中心位置将没有圆心标记或者中心线显示[图 2-88(a)]。

②"标记"单选按钮:在标注圆或者圆弧的圆心标记时,将创建圆心标记,如图 2-88(b)所示。

③"直线"单选按钮:在标注圆或者圆弧的圆心标记时,将创建中心线,如图 2-88(c)所示。

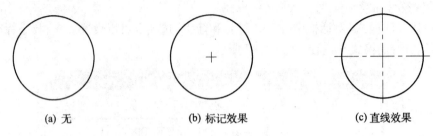

图 2-88 圆心标记类型

④ "大小"文本框用于设置圆心标记的半长度和中心线超出圆或圆弧轮廓线的长度。

(3) 在"弧长符号"选项区域中,可以设置弧长符号显示的位置,包括"标注文字的前缀"、"标注文字的上方"和"无"三种方式,如图 2-89 所示。

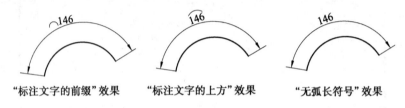

图 2-89 设置弧长符号的位置

(4) 在"半径折弯标注"选项区域的"折弯角度"文本框中,可以设置标注圆弧半径时标注线的折弯角度大小。

3. 设置文字格式

在"新建标注样式"对话框中,可以使用"文字"选项卡设置标注文字的外观、文字位置以及文字对齐方式,如图 2-90 所示。

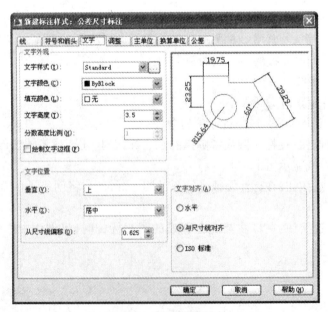

图 2-90 "文字"选项卡

(1) "文字外观"选项区域中各选项的含义:

① 文字样式:显示和设置当前标注文字的样式。用户可从该下拉列表中选择一种文字样式,也可以单击该选项右侧的按钮 … 来创建和修改标注文字样式。关于文字样式的设置见本章项目六的有关说明。

② 文字颜色:显示并设置标注文字的颜色。默认情况下,文字的颜色随块(ByBlock)。

③ 填充颜色:用于设置标注文字的背景色。

④ 文字高度:设置当前标注文字的高度。

⑤ 分数高度比例:设置相对于标注文字的分数比例。只有在"主单位"选项卡中将单位格式设置为分数时,该选项才可以使用。

⑥ 绘制文字边框:选中该复选框,标注时将在标注文字的周围显示一个边框。

(2)"文字位置"选项区域中的各选项的含义:

① 垂直:控制标注文字相对于尺寸线的垂直位置。

该下拉列表中提供了"居中"、"上"、"外部"和"JIS"四个选项。当选择"居中"选项时,AutoCAD 将标注文字放在尺寸线的两部分中间,如图 2-91(a)所示;当选择"上"选项时,将标注文字放在尺寸线上方,如图 2-91(b)所示;当选择"外部"选项时,将标注文字放在尺寸线远离第一定义点的一边,如图 2-91(c)所示;当选择"JIS"选项时,将按照日本工业标准放置标注文字,如图 2-91(d)所示。

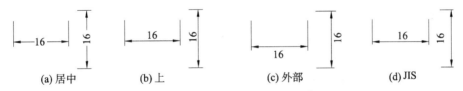

图 2-91 以四种不同方式放置标注文字的效果图

② 水平:控制标注文字相对于尺寸界线的水平位置。

在该下拉列表中选择"居中"选项时,标注文字将沿尺寸线放在两条尺寸界线中间,如图 2-92(a)所示;选择"第一条延伸线"时,标注文字将沿尺寸线与第一条尺寸界线左对齐,如图 2-92(b)所示;选择"第二条延伸线"时,标注文字将沿尺寸线与第二条尺寸界线右对齐,如图 2-92(c)所示;选择"第一条延伸线上方"时,标注文字将沿第一条尺寸界线放置或放在第一条尺寸界线上方,如图 2-92(d)所示;选择"第二条延伸线上方"时,标注文字将沿第二条尺寸界线放置或放在第二条尺寸界线上方,如图 2-92(e)所示。

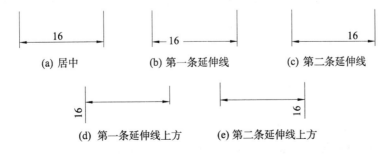

图 2-92 尺寸文本相对尺寸界线的五种位置效果图

③ 从尺寸线偏移:当尺寸线断开以容纳标注文字时,设置该值以控制标注文字两侧的

距离大小。

(3)"文字对齐"选项区域中各选项的含义：

①"水平"单选按钮：标注尺寸时将水平放置标注文字，如图 2-93(a)所示。

②"与尺寸线对齐"单选按钮：标注尺寸时将标注文字与尺寸线对齐，如图 2-93(b)所示。

③"ISO 标准"单选按钮：当标注文字在尺寸界线之内时，标注文字与尺寸线对齐；当标注文字在尺寸界线之外时，标注文字水平放置，如图 2-93(c)所示。

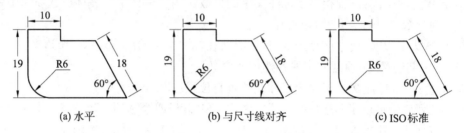

(a) 水平　　　　　　　　(b) 与尺寸线对齐　　　　　　　　(c) ISO标准

图 2-93　文字对齐的三种方式

4. 设置调整格式

在"新建标注样式"对话框中，可以使用"调整"选项卡进一步设置标注文字、尺寸线、尺寸箭头的位置，如图 2-94 所示。

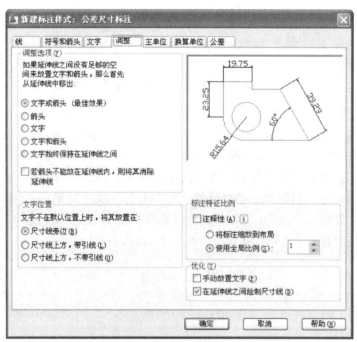

图 2-94　"调整"选项卡

(1) 在"调整选项"选项区域中各选项的含义：

①"文字或箭头(最佳效果)"单选按钮：当尺寸界线之间的距离能够容纳文字和箭头时，两者都放在尺寸界线之间；当尺寸界线之间的距离只能够容纳文字时，文字放在尺寸界线内；当尺寸界线之间的距离只能够容纳箭头时，箭头放在尺寸界线之内；当尺寸界线之间

的距离既容纳不了文字也容纳不了箭头时,文字和箭头都放在尺寸界线之外。

②"箭头"单选按钮:当尺寸界线之间的距离不能同时容纳文字和箭头时,箭头将先放在尺寸界线之外。

③"文字"单选按钮:当尺寸界线之间的距离不能同时容纳文字和箭头时,文字将先放在尺寸界线之外。

④"文字和箭头"单选按钮:当尺寸界线之间的距离不能同时容纳文字和箭头时,文字和箭头将都放在尺寸界线之外。

⑤"文字始终保持在延伸线之间"单选按钮:文字总放在尺寸界线之间。

⑥"若箭头不能放在延伸线内,则将其消除延伸线"复选框:选择该复选框,如果尺寸界线内没有足够的空间,AutoCAD将隐藏箭头。

(2)"文字位置"选项区域中各选项的含义:

①"尺寸线旁边"单选按钮:将标注文字放在尺寸线的旁边,如图 2-95(a)所示。

②"尺寸线上方,带引线"单选按钮:如果在把标注文字移动到远离尺寸线的位置时,AutoCAD 将创建一条从标注文字到尺寸线的引线;当标注文字太靠近尺寸线时,AutoCAD 将省略引线,如图 2-95(b)所示。

③"尺寸线上方,不带引线"单选按钮:可在移动标注文字时不改变尺寸线的位置。当标注文字远离尺寸线时,不与带引线的尺寸线相连,如图 2-95(c)所示。

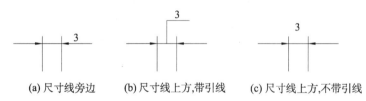

(a) 尺寸线旁边　　(b) 尺寸线上方,带引线　　(c) 尺寸线上方,不带引线

图 2-95　三种文字位置

(3)"标注特征比例"选项区域中各选项的含义:

①"使用全局比例"单选按钮:可设置大小、距离或包含文字的所有标注样式的比例,设置的该比例值不改变标注测量值。

②"将标注缩放到布局"单选按钮:AutoCAD 将根据当前模型空间视口和图纸空间之间的比例确定比例因子。

(4)"优化"选项区域中各选项的含义:

①"手动放置文字"复选框:忽略标注文字的水平设置,在标注时可将标注文字放置在指定的位置。

②"在延伸线之间绘制尺寸线"复选框:当尺寸箭头放置在尺寸线之外时,也可在尺寸界线之内绘制出尺寸线。

5. 设置主单位格式

在"新建标注样式"对话框中,可以使用"主单位"选项卡设置主单位的格式与精度等属性,如图 2-96 所示。

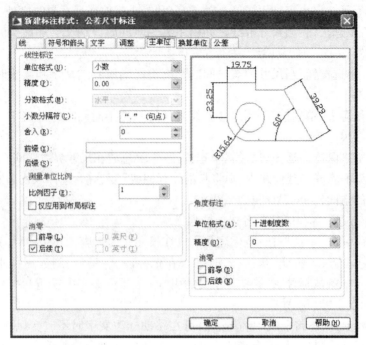

图 2-96 "主单位"选项卡

(1)"线性标注"选项区域中各选项的含义：

① 单位格式：设置除角度标注以外的所有标注类型的当前单位格式，包括"科学"、"小数"、"工程"、"建筑"、"分数"等选项。

② 精度：设置除角度标注以外的标注文字中的小数位数。

③ 分数格式：设置分数（即单位格式为分数时）的标注格式。该下拉列表中提供了"水平"、"对角"和"非堆叠"三种方式，用户可从中进行选择，如图 2-97 所示。

图 2-97 分数格式

④ 小数分隔符：设置十进制格式（即单位格式为小数时）的分隔符。该下拉列表提供了"句点"、"逗点"和"空格"三种方式，用户可根据需要从中进行选择。

⑤ 舍入：用于设置除角度标注外的尺寸测量值的舍入值。

⑥ 前缀：在该文本框中键入标注文字的前缀内容。

⑦ 后缀：在该文本框中键入标注文字的后缀内容。

⑧ 测量单位比例：在"比例因子"文本框中键入线性标注测量值的比例因子，AutoCAD 的实际标注值为测量值与该比例的积。如果将测量单位仅应用到布局标注，可选中"仅应用到布局标注"复选框，AutoCAD 将只对布局中创建的标注应用线性比例值。

⑨ 消零：用来控制前导和后续零是否输出。选中"前导"复选框，可消除小数点前的 0；如果选中"前导"和"后续"两个复选框，可消除小数点前面和后面的所有零。

(2)"角度标注"选项区域中各选项的含义:
① 单位格式:设置角度单位格式。该下拉列表提供了"十进制度数"、"度/分/秒"、"百分度"和"弧度"等选项,可根据需要从中选择。
② 精度:设置角度标注的小数位数。
③ 消零:用来控制是否输出前导零和后续零。

6. 设置换算单位格式

在"新建标注样式"对话框中,可以使用"换算单位"选项卡设置换算单位的格式,如图2-98所示。通常是显示英制标注的等效公制标注或公制标注的等效英制标注。在标注文字中,换算标注单位显示在主单位旁边的方括号中。

"换算单位"选项区域中的各个选项含义如下:

(1)选中"显示换算单位"复选框,这时对话框的其他选项才可以使用,可为标注文字添加换算测量单位。

(2)在"换算单位"选项区域中,设置除角度标注外的所有标注类型的当前换算单位格式。在该选项区域中,设置换算单位的单位格式、精度及标注文字的前缀和后缀的方法与设置主单位基本相似。其中,"换算单位倍数"选项用于设置换算单位同主单位的转换因子。

(3)在"消零"选项区域中,对是否消除换算单位的前导零或后续零进行设置。

(4)在"位置"选项区域中,对换算单位的位置进行设置。用户可在"主值后"和"主值下"两个单选按钮之间选择。

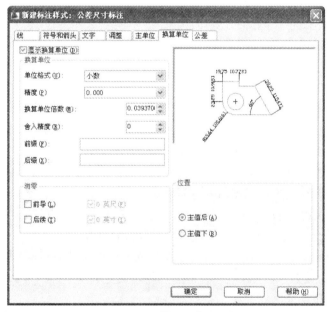

图2-98 "换算单位"选项卡

7. 设置公差格式

在"新建标注样式"对话框中,可以使用"公差"选项卡设置是否标注尺寸公差,以及以何种方式进行标注,与该选项卡对应的选项如图2-99所示。

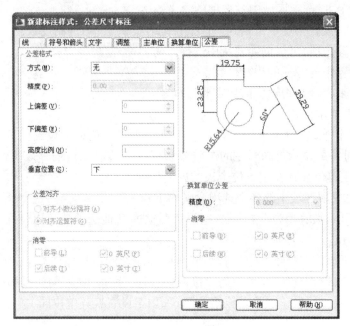

图 2-99 "公差"选项卡

(1)"公差格式"选项区域中各个选项的含义：

① 方式:设置以何种方法标注公差。该下拉列表提供了"无"、"对称"、"极限偏差"、"极限尺寸"和"基本尺寸"等五种方式。

② 精度:用于设置小数位数。

③ 上偏差:当选择"极限偏差"、"极限尺寸"其中的一种公差标注形式时,用于设置上偏差值。如果选择"对称"公差标注形式,上偏差和下偏差的绝对数值相同。

④ 下偏差:当选择"极限偏差"、"极限尺寸"其中的一种公差标注形式时,用于设置下偏差值。

⑤ 高度比例:设置公差文字相对标注文字的高度比。

⑥ 垂直位置:控制对称公差和极限公差的文字对正方式。该下拉列表提供了"下"、"中"和"上"三个选项,用户可根据需要进行选择。

⑦ 公差对齐:设置公差文字对齐的标准。选择"对齐小数分隔符",将上、下偏差的小数点对齐,选择"对齐运算符",将上、下偏差前的运算符号对齐。

⑧ 消零:控制主单位作为前导和后续零以及英尺和英寸里的零是否输出。

(2)"换算单位公差"选项区域中各个选项的含义：

① 精度:显示和设置小数位数。

② 消零:控制换算单位作为前导和后续的零以及英尺和英寸里的零是否输出。

(三)尺寸标注方法

1. 线性标注

当需要对某个对象进行线性尺寸标注时,单击"菜单浏览器"按钮,在弹出的菜单中选择"标注"→"线性"命令,或者在"功能区"选项板中选择"常用"选项卡,在"注释"面板中单击"线性"命令按钮,以启动该命令,如图 2-100 所示。

第二章 AutoCAD 基本图形绘制与编辑

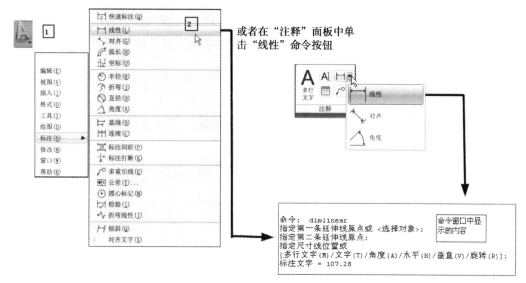

图 2-100　线性标注的一般过程

当启动"线性标注"命令后,默认情况下,在命令行提示下直接指定第一条尺寸界线的原点(通常标注时,选取的点都采用对象捕捉方式寻找对象上的特殊位置上的点),并在"指定第二条尺寸界线的原点:"提示下指定了第二条尺寸界线的原点后,命令行继续提示如下信息:

指定尺寸线位置或[多行文字(M)/文字(T)/角度(A)/水平(H)/垂直(V)/旋转(R)]:

该提示中各个选项的含义如下:

(1) 多行文字(M):键入 M,通过"文字格式"编辑器来编辑标注文字。

(2) 文字(T):在命令行自定义标注文字。在提示信息后面,键入 T,按回车键,根据 AutoCAD 提示,输入要进行标注的文字。

(3) 角度(A):确定标注文字的旋转角度。在提示信息后面,键入 A,然后按回车键,AutoCAD 就会按指定的角度旋转标注文字。

(4) 水平(H):标注水平尺寸。在提示信息后面,键入 H,按回车键,根据 AutoCAD 提示直接确定尺寸线的位置或执行其他选项以确定标注文字或标注文字的旋转角度。

(5) 垂直(V):标注垂直尺寸。在提示信息后面,键入 V,按回车键,AutoCAD 将显示与执行"水平"选项相同的提示。

(6) 旋转(R):设置尺寸线的旋转角度。在提示信息后面,键入 R,按回车键,根据 AutoCAD 提示,键入一个角度值。

注意:进行线性标注时,两个尺寸界线的起点不位于同一水平或垂直直线上时,可以通过拖动鼠标来确定是要创建水平标注还是垂直标注。使光标位于两尺寸界线的起始点之间,上下拖动鼠标可以引出水平尺寸线,左右拖动鼠标可以引出垂直尺寸线。

2. 对齐标注

"线性标注"适合于标注水平或垂直方向上两点间的距离,但读者使用"线性标注"命令实现非水平或垂直方向上两点间距离的标注时,其操作具有一定的局限性。此时,使用

AutoCAD 提供的"对齐标注"命令可以快速地标注任意方向上两点间的距离。

如果需要执行对齐尺寸标注,可单击"菜单浏览器"按钮,在弹出的菜单中选择"标注"→"对齐"命令,或者在"功能区"选项板中选择"常用"选项卡,在"注释"面板中单击"对齐"命令按钮,以启动该命令,如图 2-101 所示。

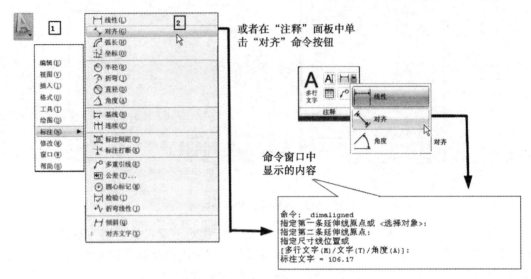

图 2-101 对齐标注的一般过程

启动"对齐标注"命令后,一开始 AutoCAD 提示的信息与执行"线性标注"命令后显示的信息相同。在确定尺寸界线或选择标注对象后,AutoCAD 将提示如下信息:

指定尺寸线位置或[多行文字(M)/文字(T)/角度(A)]:

在该提示下可以直接确定尺寸线的位置,也可以执行其他选项以确定标注文字或标注文字的旋转角度。

如图 2-102 所示是"线性标注"与"对齐标注"的情况对比。

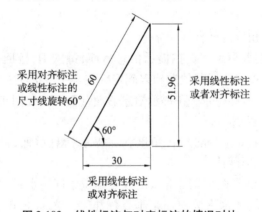

图 2-102 线性标注与对齐标注的情况对比

3. 弧长标注

"弧长标注"用于测量圆弧或多段线弧线段上的距离。单击"菜单浏览器"按钮,在弹出的菜单中选择"标注"→"弧长"命令,或者在"功能区"选项板中选择"常用"选项卡,在

"注释"面板中单击"弧长"命令按钮,以启动该命令,如图2-103所示。

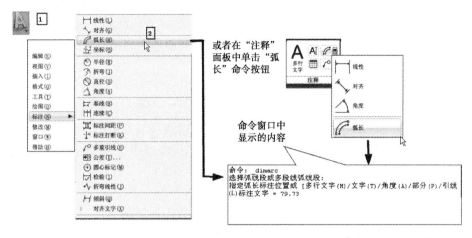

图2-103 弧长标注的一般过程

启动"弧长标注"命令后,AutoCAD提示选择弧线段或多段线弧线段,但选择需要的标注对象后,命令行提示如下信息:

指定弧长标注位置或[多行文字(M)/文字(T)/角度(A)/部分(P)/引线(L)]:

当指定了尺寸线的位置后,系统将按照实际测量值标注出圆弧的长度。也可以利用上面提示中的选项,确定尺寸文字或尺寸文字的旋转角度。另外,如果选择"部分(P)"选项,可以标注选定圆弧某一部分的弧长。

4. 半径标注

"半径标注"用于标注圆或者圆弧的半径尺寸,单击"菜单浏览器"按钮,在弹出的菜单中选择"标注"→"半径"命令,或者在"功能区"选项板中选择"常用"选项卡,在"注释"面板中单击"半径"命令按钮,以启动该命令,如图2-104所示。

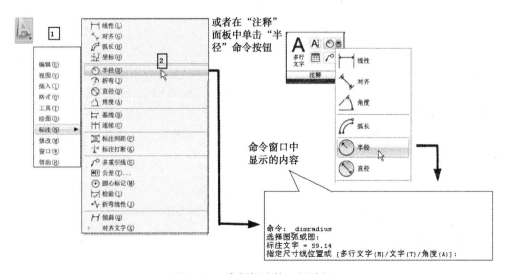

图2-104 半径标注的一般过程

启动"半径标注"命令后，AutoCAD 提示选择圆弧或圆后，AutoCAD 继续提示如下信息：

指定尺寸线位置或 [多行文字(M)/文字(T)/角度(A)]：

当指定了尺寸线的位置后，AutoCAD 就会按实际测量值标注选定的圆或者圆弧的半径。也可根据需要执行其他选项以编辑标注文字或标注文字的旋转角度。其中，当通过"多行文字(M)"和"文字(T)"选项重新确定尺寸文字时，只有给输入的尺寸文字加前缀 R，才能使标出的半径尺寸有半径符号 R，否则没有该符号。

5. 直径标注

当需要标注圆或者圆弧的直径尺寸时，就可使用"直径标注"命令来标注圆的直径或者圆弧的直径尺寸。创建直径标注与半径标注的操作基本相似，单击"菜单浏览器"按钮，在弹出的菜单中选择"标注"→"直径"命令，或者在"功能区"选项板中选择"常用"选项卡，在"注释"面板中单击"直径"命令按钮，以启动该命令。

6. 角度标注

"角度标注"命令可以用来测量圆的两条半径间的角度、圆弧所对的包含角或者两条非平行直线之间的夹角等。用户可通过如图 2-105 所做的提示，启动"角度标注"命令。

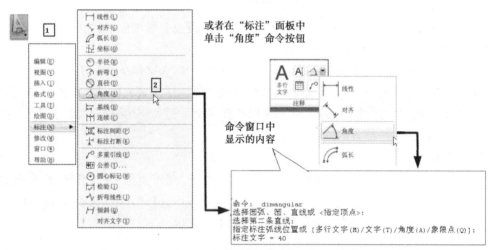

图 2-105　角度标注的一般过程

启动"角度标注"命令后，AutoCAD 提示"选择圆弧、圆、直线或 ＜指定顶点＞："信息。在该提示下，可以选择需要标注的对象。选择不同的对象，其操作方法各有不同。

（1）选择圆弧。如果选择的标注对象是一段圆弧，AutoCAD 提示如下信息：

指定标注弧线位置或 [多行文字(M)/文字(T)/角度(A)/象限点(Q)]：

在该提示下指定标注弧线的位置，AutoCAD 将标注选定圆弧的包含角。也可以执行其他的选项，以确定标注文字或标注文字的旋转角度。

（2）选择圆。如果选择要进行标注的圆，AutoCAD 将提示如下信息：

指定角的第二个端点：（在圆上或者圆外拾取一点）

当指定角的第二个端点后，AutoCAD 继续提示如下信息：

指定标注弧线位置或 [多行文字(M)/文字(T)/角度(A)/象限点(Q)]：

在该提示下指定标注弧线的位置，AutoCAD 将按照实际测量的值来标注角度值。也可以执行其他的选项，以确定标注文字或标注文字的旋转角度。

(3) 选择直线。如果在"选择圆弧、圆、直线或<指定顶点>:"的信息提示下选择两条不平行直线中的一条直线,AutoCAD 将提示:

选择第二条直线:

当读者选择了第二条直线以后,AutoCAD 将继续提示:

指定标注弧线位置或[多行文字(M)/文字(T)/角度(A)/象限点(Q)]:

在该提示下指定标注弧线的位置,AutoCAD 将按照实际测量的值来标注直线之间的角度。也可以执行其他选项,以确定标注文字或标注文字的旋转角度。

(4) 指定顶点。如果在"选择圆弧、圆、直线或<指定顶点>:"的提示下直接按回车键,以执行"指定顶点"选项,AutoCAD 提示如下信息:

指定角的顶点:(在绘图区域拾取一点以指定角顶点,如图 2-106 中 A 点)

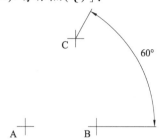

图 2-106 以"指定顶点"方式标注角度尺寸

指定角的第一个端点:(拾取一点以指定角的一个端点,如图 2-106 中 B 点)

指定角的第二个端点:(拾取一点作为角的另一个端点,如图 2-106 中 C 点)

当指定三点以后,AutoCAD 继续提示:

指定标注弧线位置[多行文字(M)/文字(T)/角度(A)/象限点(Q)]:(确定标注弧线的位置)

在该提示下指定标注弧线的位置,AutoCAD 将按指定的角顶点及角端点的位置来标注三点之间的实际角度。也可以在该提示下执行其他选项,以确定标注文字或标注文字的旋转角度。

7. 坐标标注

"坐标标注"用于测量标注点到原点(即基准点)的垂直距离。基准点可以是当前 UCS 的原点,也可以是指定的新坐标原点。单击"菜单浏览器"按钮,在弹出的菜单中选择"标注"→"坐标"命令,或者在"功能区"选项板中选择"常用"选项卡,在"注释"面板中单击"坐标"命令按钮,以启动该命令。

启动"坐标标注"命令后,AutoCAD 提示:

指定点坐标:

在命令行输入要标注点的坐标,或者在绘图区域中指定要标注点的位置后,AutoCAD 将提示信息:

指定引线端点或[X 基准(X)/Y 基准(Y)/多行文字(M)/文字(T)/角度(A)]:

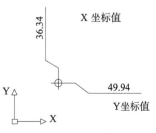

图 2-107 坐标标注

在此提示下,确定引线端点的位置。如果想要标注点的 X 坐标,则相对于标注点上下移动光标;如果想要标注点的 Y 坐标,则相对于标注点左右移动光标,AutoCAD 即可按实际测量的值标注点的 X 或 Y 坐标,如图 2-107 所示。

如果分别执行"X 基准"和"Y 基准"选项,则直接标注的就是点的 X 或 Y 坐标。如果执行其他选项,则确定标注文字或标注文字的旋转角度。

8. 基线标注

"基线标注"的功能是用于多个尺寸标注使用同一条尺寸界线作为基准，创建一系列由相同的标注原点测量出来的尺寸标注。当需要创建基线标注时，可参照下面任意一种操作方式来启动"基线标注"命令：

（1）单击"菜单浏览器"按钮，在弹出的菜单中选择"标注"→"基线"命令。

（2）在命令行键入 dimbaseline，按回车键。

启动"基线标注"命令，AutoCAD 将自动以前一个线性、角度或者坐标标注（在创建基线标注之前，必须创建线性标注、角度标注或坐标标注，以用做基线标注的基准。如图 2-108 中，先标注出 A、B 两点间的尺寸）的第一条尺寸界线的原点作为第一点，并将继续显示提示信息：

指定第二条尺寸界线原点或 [放弃(U)/选择(S)] <选择>：

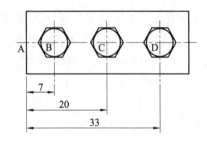

图 2-108　以线性标注为基准创建的"基线"尺寸标注

在该提示下可直接指定第二条尺寸界线原点的位置，AutoCAD 将重复显示该提示，直到按【Esc】键或按两下回车键结束该命令为止。

如果在上述提示下直接按回车键，执行"选择(S)"选项，AutoCAD 将要求读者选择新的基准标注，AutoCAD 进行的标注将从新基线引出。

如果要撤消最近做的一步操作，可执行"放弃(U)"选项。

9. 连续标注

"连续标注"与"基线标注"的创建过程与方法基本相似，用于标注一连串的尺寸，即每个尺寸的第二个尺寸界线原点便是下一个尺寸的第一个尺寸界线的原点。在创建连续标注之前，也必须创建线性标注、角度标注或坐标标注，以此作为连续标注的基准。

当要创建连续标注时，可参照下面任意一种操作以启动"连续标注"命令：

（1）单击"菜单浏览器"按钮，在弹出的菜单中选择"标注"→"连续"命令。

（2）在命令行键入 dimcontinue，按回车键。

启动"连续标注"命令后，AutoCAD 自动捕捉第一点（如图 2-109 中，选择尺寸 7 的第二条尺寸界线的原点）后将继续提示：

指定第二条尺寸界线原点或 [放弃(U)/选择(S)] <选择>：（拾取 A 点）

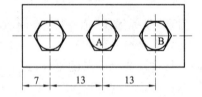

图 2-109　以线性标注为基准创建的"连续"尺寸标注

后面的操作与"基线标注"基本相同。

10. 折弯标注

"折弯标注"用于折弯标注圆或者圆弧的半径尺寸，该标注方式与半径标注方法基本相同，但需要指定一个位置代替圆或者圆弧的圆心。如图 2-110 所示为采

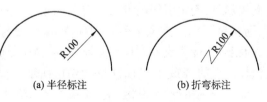

图 2-110　半径标注与折弯标注

用"半径标注"与"折弯标注"的不同结果比较。

11. 圆心标记

"圆心标记"命令用来标注圆或者圆弧的中心位置,可通过单击"菜单浏览器"按钮,在弹出的菜单中选择"标注"→"圆心标记"命令,以启动"圆心标记"命令。

启动"圆心标记"命令后,按照 AutoCAD 的提示选择圆弧或圆后,立即在选定的圆弧或者圆的中心处显示一个小十字。在标记圆弧或圆的中心时,可以只使用圆心标记,也可以同时使用圆心标记和中心线(此时,在进行圆心标记前,需要将"新建标注样式"对话框的"符号和箭头"选项卡中圆心标记设置为"标记"或者"直线")。中心线是标记圆或者圆弧中心的虚线,如图 2-111 所示。

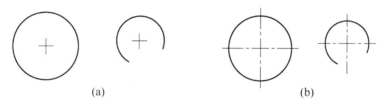

图 2-111 圆心标记

12. 多重引线标注

引线标注是指利用旁注引线表明图形上某些特殊部位需要的特征信息。读者可通过单击"菜单浏览器"按钮,在弹出的菜单中选择"标注"→"多重引线"命令,或者在"功能区"选项板中选择"常用"选项卡,在"注释"面板中单击"多重引线"命令按钮,以启动该命令。启动"多重引线标注"命令后,AutoCAD 提示如下信息:

命令:_mleader

指定引线箭头的位置或[引线基线优先(L)/内容优先(C)/选项(O)]<选项>:

在图形中单击确定引线箭头的位置,然后在打开的文字输入窗口输入注释内容即可。在图 2-112 所示的"多重引线"面板中单击"添加引线"按钮,可以为图形继续添加多个引线和注释。

还可通过单击"菜单浏览器"按钮,在弹出的菜单中选择"格式"→"多重引线样式"命令,或者在"功能区"选项板中选择"常用"选项卡,在"注释"面板中单击"多重引线样式"命令按钮,打开"多重引线样式管理器"对话框,如图 2-113 所示。利用"多重引线样式管理器"对话框,可以设置多重引线的格式、结构和内容。

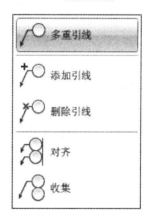

图 2-112 "多重引线"面板

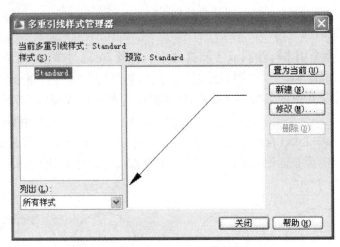

图 2-113 "多重引线样式管理器"对话框

（四）尺寸公差与形位公差标注

在制图过程中，通常会见到机械零件图样中需要标注尺寸公差和形位公差。在 AutoCAD 中，作为"公差"标注命令，执行的结果只是标注形位公差。为了便于读者理解与归纳，这里将同时介绍在 AutoCAD 中如何标注尺寸公差和形位公差。

1. 尺寸公差标注

尺寸公差是零件最大极限尺寸与最小极限尺寸之差。在生产实践中，人们不可能也没有必要把零件的尺寸加工得绝对准确，为此，在满足使用要求的条件下，对零件尺寸的变动量规定一个许可范围，即加工时零件的尺寸允许在最大极限尺寸与最小极限尺寸之间。尺寸公差标注是机械制图中的一项重要内容。

利用 AutoCAD 给图形进行标注时，想要进行某项尺寸公差的标注，必须先"新建"一种标注样式或"替代"某一种标注样式，来对"公差"选项卡进行设置，然后在绘图区域中选择需要标注尺寸公差的对象进行标注。

如图 2-114 所示，采用的是用极限偏差方式为某个轴标注的直径尺寸。在设置"公差"选项卡时，对该对话框中的"公差格式"选项区域做如下设置：

（1）方式：在下拉列表中选择"极限偏差"方式。

（2）精度：设置为 0.0000。

（3）上偏差：设置为 0.013。

（4）下偏差：设置为 0.008。

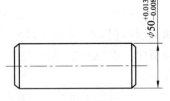

图 2-114 采用"极限偏差"方式标注轴直径

（5）高度比例：设置公差文字相对于标注文字的高度比为 1。

（6）垂直位置：控制对称公差和极限公差的文字对正方式，在该下拉列表选择"中"方式。

2. 形位公差标注

（1）形位公差的符号表示。在 AutoCAD 中，通过特征控制框来显示形位公差信息，如图形的形状、轮廓、方向位置和跳动的偏差等，如图 2-115 所示。

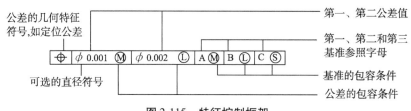

图 2-115　特征控制框架

常见的形位公差符号的种类及意义如图 2-116 所示。

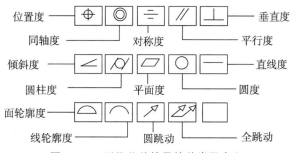

图 2-116　形位公差符号的种类及意义

（2）添加形位公差。"公差"命令是用来创建形位公差标注的，当需要向图形中添加形位公差时，可通过单击"菜单浏览器"按钮，在弹出的菜单中选择"标注"→"公差"命令，或者在命令行键入 tolerance，按下回车键启动"公差"命令，AutoCAD 都会弹出"形位公差"对话框，如图 2-117 所示。

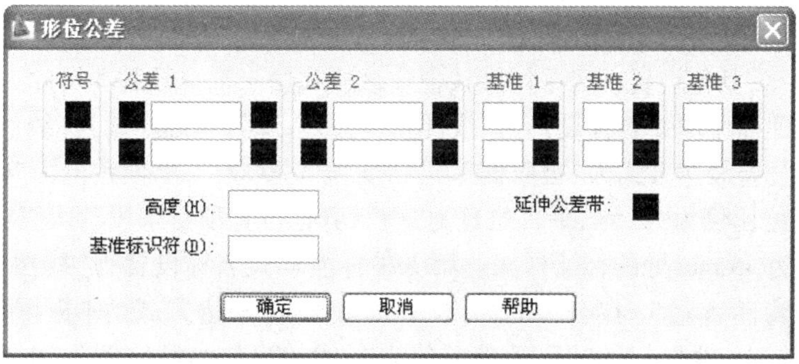

图 2-117　"形位公差"对话框

在"符号"选项组中单击矩形框，可以通过弹出的"符号"面板，选择一个公差符号；在"公差 1"或者"公差 2"选项组中添加公差值；分别在"基准 1"、"基准 2"和"基准 3"选项组的文本框中输入基准参考字母，并通过黑色矩形框为每个基准参考插入包容条件符号；在"高度"文本框中输入数值以设置形位公差的高度；在"延伸公差带"矩形框上单击，可以插入符号；在"基准标识符"文本框中输入一个基准标识字符，AutoCAD 即可按设置的选项及参数标注形位公差。

形位公差通常标注在引线之后，可以通过在命令行输入"leader"引线标注命令，按照下列提示在引线之后标注形位公差：

命令：leader

指定引线起点：

指定下一点：

指定下一点或［注释(A)/格式(F)/放弃(U)］＜注释＞：A

输入注释文字的第一行或 ＜选项＞：

输入注释选项［公差(T)/副本(C)/块(B)/无(N)/多行文字(M)］＜多行文字＞：T（输入T，启动公差标注）

▶ **作图步骤**

① 启动 AutoCAD 2009，不做任何绘图环境的设置。

② 单击"菜单浏览器"按钮，选择"文件"→"打开"命令，或者单击"快速访问工具栏"的"打开"按钮，在"选择文件"对话框中，找到项目四中创建的"轴.dwg"文件，然后打开。

③ 设置尺寸标注样式。根据图2-78所示，经对标注结果分析，可以设置五种标注样式。第一种标注样式名称设置为"一般线性"，基础样式为"ISO-25"，基线间距设置为6.5；箭头大小值设置为4.5；标注文字高度值设置为3.5；其他设置项目采用默认值，该样式主要用于轴中各段的长度标注。由于图中的轴直径标注有7处，其中4处需要标极限偏差，而直径为45 mm的那段尺寸上下偏差值又相同，所以，第二种标注样式名称设置为"线性直径"，基础样式为"一般线性"，在"主单位"选项卡的设置前缀文本框中输入"%%C"，其他设置项目采用默认值。该样式用于轴中不带公差值的直径标注。第三种标注样式名称设置为"线性直径公差-1"，基础样式为"线性直径"，在公差选项卡中设置公差表达方式为"极限偏差"，精度为"0.0000"，上偏差值为"-0.009"，下偏差值为"-0.02"，高度比例为"0.5"，垂直位置为"中"，其他设置项目采用默认值。该样式用于轴直径基本尺寸为38 mm处的标注样式。第四种标注样式名称设置为"线性直径公差-2"，基础样式为"线性直径"，在公差选项卡中设置公差表达方式为"极限偏差"，精度为"0.0000"，上偏差值为"0"，下偏差值为"-0.011"，高度比例为"0.5"，垂直位置为"中"，其他设置项目采用默认值。该样式用于轴直径基本尺寸为45 mm处的标注样式。第五种标注样式名称设置为"线性直径公差-3"，基础样式为"线性直径"，在公差选项卡中设置公差表达方式为"极限偏差"，精度为"0.0000"，上偏差值为"-0.010"，下偏差值为"-0.029"，高度比例为"0.5"，垂直位置为"中"，其他设置项目采用默认值。该样式用于轴直径基本尺寸为50 mm处的标注样式。设置结果如图2-118所示。

④ 将"一般线性"置为当前标注样式，标注结果见图2-119所示的(1)~(15)处。其中各处采用的标注方式说明如下：

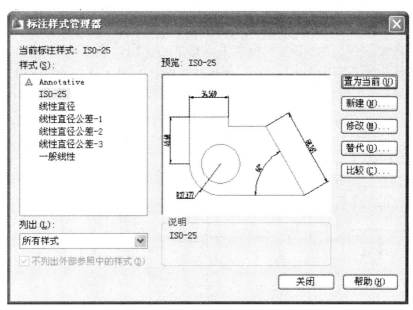

图2-118 设置尺寸标注样式

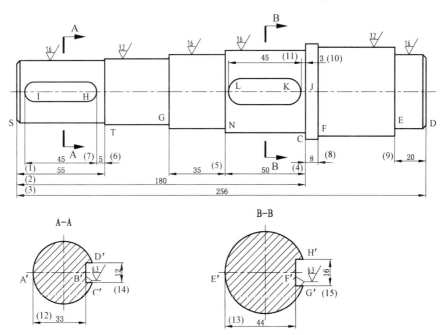

图2-119 按照"一般线性"样式标注

(1)处 AB 段采用线性标注方式,第一延伸线起点为 S 点,第二延伸线起点为 T 点;(2)、(3)处 SC 段、SD 段采用基线标注方式;(4)处 CN 段采用线性标注方式,第一延伸线起点为 C 点,第二延伸线起点为 N 点;(5)处 NG 段采用连续标注方式;(6)处 TH 段采用线性标注方式,第一延伸线起点为 T 点,第二延伸线起点为 H 点;(7)处 HI 段采用连续标注方式;(8)处 CF 段采用线性标注方式,第一延伸线起点为 C 点,第二延伸线起点为 F 点;(9)处 ED 段采用线性标注方式,第一延伸线起点为 E 点,第二延伸线起点为 D 点;(10)处 JK

段采用线性标注方式,第一延伸线起点为 J 点,第二延伸线起点为 K 点;(11)处 KL 段采用连续标注方式;(12)~(15)各处都采用线性标注方式。

⑤ 将"线性直径"置为当前标注样式,标注结果见图 2-120 所示的(1)、(2)、(3)处。此三处都采用线性标注方式,图中标注的延伸线起点 G、H、C、D、E、F 都分别采用"最近点"方式捕捉到的轮廓线上的点,尺寸文本被中心线穿过的位置,将中心线断开。

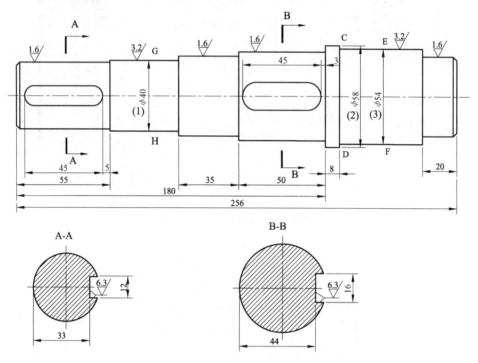

图 2-120　按照"线性直径"样式标注

⑥ 将"线性直径公差 – 1"置为当前标注样式,标注结果如图 2-121 所示。采用的是线性标注方式,图中标注的延伸线起点 C、D 是轮廓线交点。

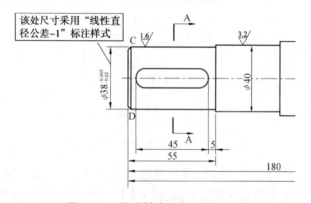

图 2-121　标注轴直径为 38 的尺寸

⑦ 将"线性直径公差 – 2"置为当前标注样式,标注结果如图 2-122 所示的(1)和(2)。它们都采用线性标注方式,图中标注的延伸线起点 E、F、C、D 是轮廓线交点。(1)处尺寸文本被中心线穿过的位置,将中心线断开。

第二章　AutoCAD 基本图形绘制与编辑

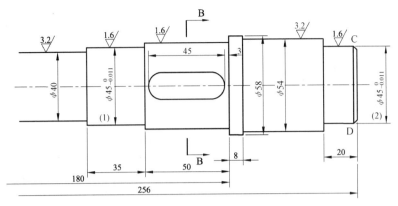

图 2-122　标注轴直径为 45 的尺寸

⑧ 将"线性直径公差-3"置为当前标注样式,标注结果如图 2-123 所示。采用的是线性标注方式,图中标注的延伸线起点 C、D 是轮廓线交点。尺寸文本被中心线穿过的位置,将中心线断开。

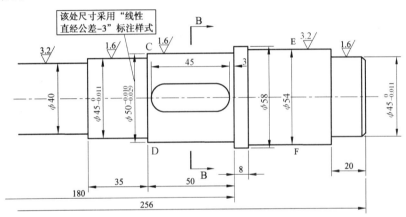

图 2-123　标注轴直径为 50 的尺寸

⑨ 将"一般线性"置为当前标注样式(在本项目中,读者不需要再创建新的标注样式),使用半径标注方式来标注图中圆弧的半径。图中未标注的圆角半径均为 0.5 mm,正规图纸中将以文字标注方式在技术说明中表达,下个项目中将介绍文字标注的方法。

⑩ 使用多重引线标注方式标注倒角位置尺寸,或者以下个项目中的文本标注方式标注倒角位置尺寸。

项目六　样板文件制作及文字标注

【学习要点】
- 掌握"绘图单位和精度"、"图形界限"、"图层"等设置方法。
- 掌握"文字样式"的设置方法。

- 掌握"单行文字"、"多行文字"、"插入特殊字符"的应用方法,以及如何进行文字修改。
- 掌握表格样式设置及表格创建与编辑方法。

▶项目内容

本项目以 A3 图纸为例,介绍 AutoCAD 中如何创建图纸幅面样板文件,完成如图 2-124 所示的图形,最终以"A3 样板"为文件名,以"AutoCAD 图形样板(*.dwt)"文件格式保存该图形。

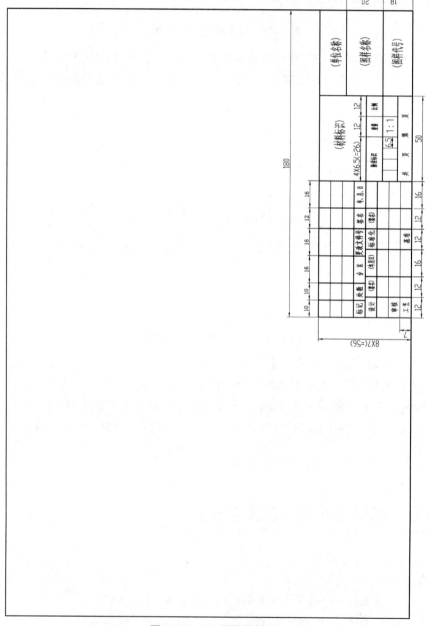

图 2-124　A3 图幅样板图

▶理论基础

(一)设置绘图单位和精度

在 AutoCAD 2009 中,用户单击"菜单浏览器"按钮,在弹出的菜单中选择"格式"→"单位"命令,弹出如图 2-125 所示的"图形单位"对话框。在该对话框中可以设置绘图时使用的长度单位、角度单位,以及单位的显示格式和精度等参数。其中,长度单位有"小数"、"科学"、"建筑"、"工程"、"分数"等五种类型,常用的是"小数"类型,精度表示线性测量值显示的小数位数。

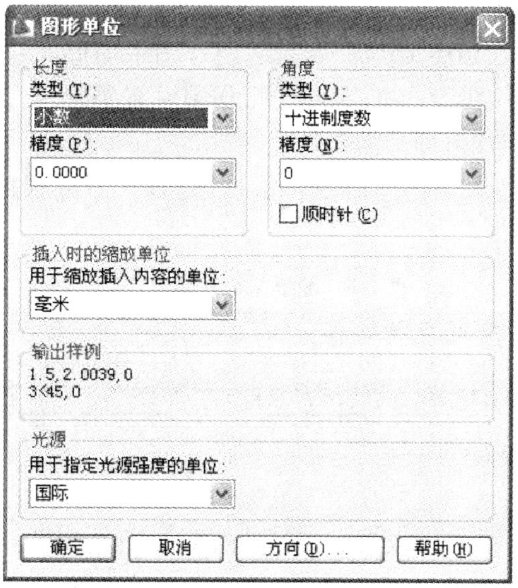

图 2-125 "图形单位"对话框

单击对话框下方的 方向(D)... 按钮,弹出如图 2-126 所示的"方向控制"对话框,用户可以设置基准角度。

(二)设置图形界限

在 AutoCAD 2009 中,使用"LIMITS"命令可以在模型空间中设置一个想象的矩形绘图区域(图形界限),然后可以使用"Grid(栅格)"命令或者单击状态栏上的"栅格显示"按钮,在绘图窗口中,启用栅格点显示图形界限范围。

图 2-126 "方向控制"对话框

用户单击"菜单浏览器"按钮,选择菜单选项"格式"→"图形界限"命令或者在命令行输入"LIMITS"命令。执行"图形界限"命令后系统提示如下信息:

命令:LIMITS
重新设置模型空间界限:
指定左下角点或 [开(ON)/关(OFF)] <0.0000,0.0000>:(指定左下角坐标位置)

指定右上角点 <420.0000,297.0000>：（指定右上角坐标位置）

用户可通过指定左下角和右上角两点坐标来确定图形的界限，如图 2-127 所示。矩形框内部区域即为绘图范围，但设置图形界限后矩形框实际上并不存在。

对于命令提示中的"ON/OFF"，选择用于控制界限检查的开关状态。选择"ON（开）"表示打开界限检查，此时 AutoCAD 将检测输入点，并拒绝输入图形界限外部的点。选择"OFF（关）"表示关闭界限检查，AutoCAD 将不再对输入点进行检测。

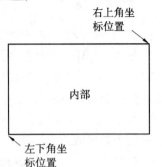

图 2-127　图形界限示意图

为了便于读者对手工作图中"图幅"与计算机作图中图形界限（简称"图限"）的理解，我们这里规定，手工作图时需要的图纸大小，在采用计算机作图时即为需要设定的图限范围。GB/T 14689—1993 对图纸的幅面和大小做了严格的规定（表 2-1）。在绘制图形时，设计者应根据图形的大小，选择图纸幅面。

表 2-1　图纸基本幅面尺寸　　　　　　　　　　　　　　　　单位：mm（毫米）

幅面代号	A0	A1	A2	A3	A4
尺寸 $B \times L$	841×1189	594×841	420×594	297×420	210×297

（三）图层的设置与管理

1. 图层的概念及作用

图层可以看成是一张张透明的纸，在不同的图层上可以放置一个实体投影的不同部分，并将不同的颜色、不同的线型和可见性等属性赋予这些不同的图层，最后将这些图层重叠起来，构成一张完整的视图。

图层操作可使复杂的图形视图层次分明、有条理，方便图形对象的编辑和管理。利用计算机绘图时，对于一个图形实体，除了由几何信息来确定它的位置和大小外，还要确定它的颜色、线型、线宽和状态。如果按照分层来绘制图形，在确定每一实体时，只要确定它的几何数据和它所在的图层就可以了。当图层被赋予某种颜色、线型和线宽时，在该层绘制出来的图形实体（包括图形、尺寸、文字等），便具有同样的颜色、线型和线宽。

2. 图层的设置

图层的设置包括新建图层，删除图层，设置图层上颜色、线型、线宽，开/关图层，解冻/冻结图层，开放/锁定图层等操作。

（1）新建图层。

AutoCAD 提供了详细、直观的"图层特性管理器"对话框，如图 2-128 所示。用户可以方便地通过该对话框中的各选项及其二级对话框进行设置，从而实现建立新图层。每当创建一张新图，系统会自动生成"0"层。"0"层的缺省颜色是"白色"，缺省线型是"Continuous"，缺省线宽是"默认"。用户不能删除或重命名"0"层。

第二章 AutoCAD基本图形绘制与编辑

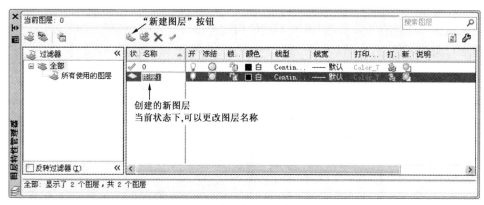

图 2-128 "图层特性管理器"对话框

创建新图层的操作步骤如下：

① 单击"菜单浏览器"按钮，在弹出的菜单中选择"格式"→"图层"命令，或者在"功能区"选项板中选择"常用"选项卡，在"图层"面板中单击"图层特性"按钮，即可打开"图层特性管理器"对话框。

② 在"图层特性管理器"对话框上部单击"新建图层"按钮（或按组合键【Alt】+【N】），就创建了一个名为"图层1"的新图层。默认情况下，新图层与当前图层的状态、颜色、线型、线宽等设置相同。

③ 如果要更改图层名称，单击该图层名称，然后输入一个新的图层名称，并按【Enter】键即可。

（2）删除图层。

如果用户需要删除某个图层，只需要先选中需要删除的图层，然后单击"删除图层"按钮即可，如图 2-129 所示。但用户无法删除 0 层和 defpoints 层、当前图层、包含对象的图层、依赖外部参照的图层。

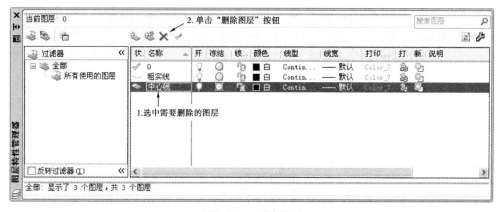

图 2-129 删除图层

(3) 设置图层颜色。

颜色在图形中具有很重要的作用,不同的图层可以设置不同的颜色,图层的颜色就是图层中图形对象的颜色,可以用来区分不同类型的图形对象,以方便用户观察与操作。

如图 2-130 所示为图层以设置 ACI 颜色为例的操作步骤。

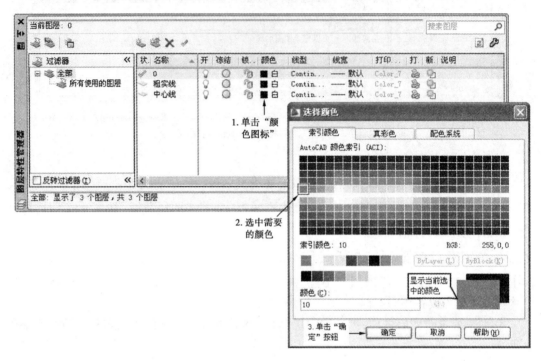

图 2-130　设置图层颜色

(4) 设置图层线型。

线型是指图形基本元素中线条的组成和显示方式,如实线、虚线、点画线等。在计算机绘图时,一般原则是在不同的图层上需要设置不同类型的线型来区分图形元素。

图 2-131 所示为将"中心线"图层的图线设为点画线(CENTER)的操作过程示意图。

(5) 设置图层线宽。

线宽设置就是改变线条的宽度。合理地设置线宽,可以提高图形的表达能力和可读性。

第二章 AutoCAD 基本图形绘制与编辑

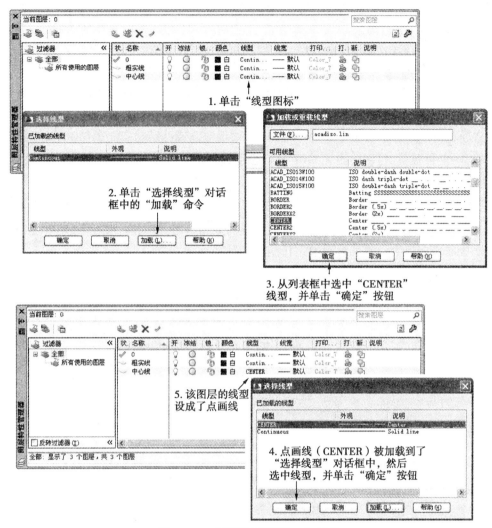

图 2-131 设置图层线型的一般过程

设置图层线宽的操作步骤如下:

① 在打开的"图层特性管理器"对话框中选择某一图层,单击该图层对应的"线宽图标",打开"线宽"对话框,如图 2-132 所示。

② 在"线宽"对话框中选择所需线条宽度。然后单击"确定"按钮即可。该图层的线宽就改变成了所需线宽。

(6) 设置图层的其他特性。

在 AutoCAD 中,使用"图层特性管理器"对话框不仅可以创建图层、重命名图层或者删除图层,设置图层的颜色、线型和线宽,还可以对图层进行更多的设置与管理,如图层的打开、冻结、锁定、打印、切换等。

图层中部分特性选项的含义如下:

图 2-132 "线宽"对话框

① 状态：显示图层和过滤器的状态。如果某个图层通过"置为当前"按钮 设置为当前图层，该图层状态标识为 。

② 开/关：状态 / 表示图层处于打开或者关闭状态。在打开状态下，图层上的图形可以显示，也可以在输出设备上打印；在关闭状态下图层上的图形不能显示，也不能打印输出。

③ 冻结/解冻：状态按钮 / 表示图层处于解冻或冻结状态。图层被冻结时，图层上的图形不能被显示、打印输出和编辑修改；图层被解冻时，图层上的图形能显示、打印输出和编辑修改。

④ 锁定/解锁：状态按钮 / 表示图层处于锁定或解锁状态。图层被锁定后不影响图形对象的显示，也不影响查询命令和对象捕捉功能的运用，可以在锁定的图层上添加新图形，但不能对该图层上已有图形对象进行编辑。

⑤ 打印：状态按钮 / ，表示图层是否能被打印，在保持图形显示可见性不变的前提下控制图形的打印特性。

3. 改变对象所在图层

在实际绘图中，如果绘制完某一图形元素后，发现该元素并没有绘制在预先设置的图层上，可选中该元素，并在"图层"面板的"图层控制"下拉列表中选择预设图层名，即可改变对象所在图层，如图 2-133 所示。

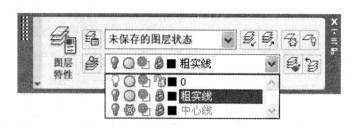

图 2-133 变更对象所在的图层

（四）创建文字样式

文字对象是 AutoCAD 图形中很重要的一种图形元素，在一个完整的图样中，通常都包含一些文字注释，用于标注图样中的一些非图形信息。标注文字对象可以更清楚地表达绘图者的思想和意图，如机械工程图形中的技术要求、装配说明、加工要求等，或者建筑工程制图中的材料说明、施工要求等。

在 AutoCAD 2009 中，利用 AutoCAD 绘图时，图形中的所有文字都具有与之相关联的文字样式。单击"菜单浏览器"按钮 ，在弹出的菜单中选择"格式"→"文字样式"命令，可以打开"文字样式"对话框，如图 2-134 所示。利用该对话框可以创建或修改文字样式，并设置文字的当前样式。

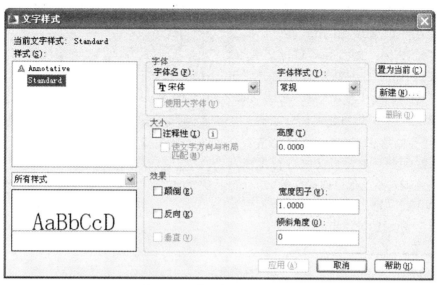

图 2-134 "文字样式"对话框

从"文字样式"对话框中可以看出设置文字样式主要包括设置文字"字体名"、"字体样式"、"高度"、"宽度因子"、"倾斜角度"、"反向"、"颠倒"以及"垂直"等参数。

如图 2-135 所示为设置文字样式的一般步骤。

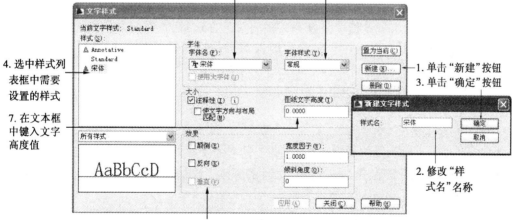

图 2-135 设置"文字样式"的一般步骤

在"文字样式"对话框中设置完成相关的选项后,单击"应用"按钮,AutoCAD 将新建的文字样式置为当前文字样式,而不关闭对话框,用户可继续新建文字样式。在"文字样式"对话框的"预览"框中,可以预览所选择或所设置文字样式的效果。

(五) 创建单行文字

单击"菜单浏览器"按钮，在弹出的菜单中选择"绘图"→"文字"→"单行文字"命令，或者在"功能区"选项板中选择"注释"选项卡，在"文字"面板中单击"单行文字"按钮，如图 2-136 所示，即可创建单行文字。

对于单行文字来说，每行文字都是一个独立的对象，用户可对每行文字进行重新定位、调整格式或进行其他修改操作等。

使用"单行文字"命令创建文字时，可参照如图 2-137 所示的操作步骤进行。

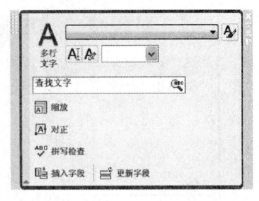

图 2-136 "文字"面板

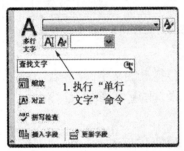

图 2-137 创建"单行文字"的一般步骤

如果在创建单行文字过程中要设置文字的对正方式，就需要在命令提示信息"指定文字的起点或[对正(J)/样式(S)]:"后键入 J，并按回车键，用于确定文本的对正方式。AutoCAD 提供了对齐(A)、布满(F)、居中(C)、中间(M)、右对齐(R)、左上(TL)、中上(TC)、右上(TR)、左中(ML)、正中(MC)、右中(MR)、左下(BL)、中下(BC)、右下(BR)等 14 种文字对正方式。

(六) 创建多行文字

"多行文字"又称为段落文字，是一种易于管理的文字对象，可以由两行以上的文字组成，而且所有行的文字都是作为一个整体处理的。在工程制图中，常使用多行文字功能创建较为复杂的文字说明，如图样的技术要求等。

单击"菜单浏览器"按钮，在弹出的菜单中选择"绘图"→"文字"→"多行文字"命令，或者在"功能区"选项板中选择"注释"选项卡，在"文字"面板中单击"多行文字"按钮 A，然后在绘图窗口中指定一个用来放置多行文字的矩形区域，将打开多行文字输入窗口，如图 2-138 所示，并同时打开"多行文字"选项卡。

图 2-138 创建多行文字的文字输入窗口

使用"多行文字"选项卡，可以在输入多行文字前，设置文字样式、文字字体、文字高度、加粗或者下划线、文字对正方式、段落格式等效果，以及可以在文字段落中插入特殊符号，如

图 2-139 所示。

图 2-139 "多行文字"选项卡

采用计算机绘图时,如果需要标记分数形式的文字,可以采用文字"堆叠"功能。使用时,需要分别输入分子和分母,其间使用/、#或^分隔,然后选择这一部分文字。用户按照图 2-140 所示的操作步骤进行即可。AutoCAD 2009 中,堆叠文字功能支持中文字符。

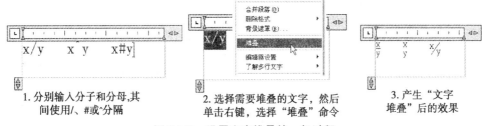

图 2-140 设置文字堆叠的一般过程

(七) 修改文字

单行文字或者多行文字都可以进行单独修改,修改文字包括修改文字的内容、缩放比例和对正方式。单击"菜单浏览器"按钮,在弹出的菜单中选择"修改"→"文字"子菜单中的命令进行设置,如图 2-141 所示。

各命令的功能如下:

(1) 编辑:选择该命令,然后在绘图窗口中单击需要编辑的文字,进入文字的编辑状态,可以重新输入文本内容。不过,用户可双击文字对象直接进入文字编辑状态。

(2) 比例:选择该命令,然后在绘图窗口中单击需要编辑的文字,此时需要输入缩放的基点以及指定新模型高度或者图纸高度(P)、匹配对象(M)、比例因子(S)等。

(3) 对正:选择该命令,然后在绘图窗口中单击需要编辑的文字,此时可以重新设置文字的对正方式。

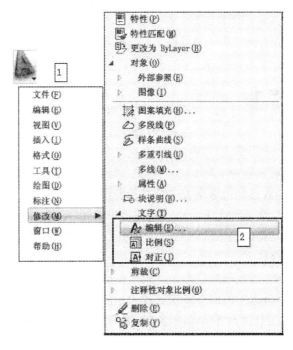

图 2-141 文字编辑菜单

（八）特殊字符的输入

在利用 AutoCAD 实际设计绘图中，往往需要标注一些特殊的字符。例如，在文字上方或下方添加划线、标注度符号(°)等。这些特殊字符不能从键盘上直接输入，因此 AutoCAD 提供了相应的控制符，以实现这些标注要求。表 2-2 中是 AutoCAD 2009 中常用的特殊字符控制代码。

表 2-2　AutoCAD 2009 常用的标注控制符

控制代码	结　　果
％％D	度符号（°）
％％P	公差符号（±）
％％C	直径符号（φ）
％％U	打开或关闭文字下划线
％％O	打开或关闭文字上划线

在单行文字输入时，用户既可以通过控制代码来实现特殊字符的文字输入；也可以通过软键盘来选择需要插入的特殊符号。在多行文字输入时，用户可直接通过"多行文字"选项卡下的"插入点"面板中的"符号"命令向段落中添加特殊的字符。

（九）创建与管理表格样式

表格样式控制一张表格的外观，用于保证标准的字体、颜色、文本、高度和行距。可以使用默认的表格样式，也可以根据需要自定义表格样式。

单击"菜单浏览器"按钮，在弹出的菜单中选择"格式"→"表格样式"命令，或者在"功能区"选项板中选择"注释"选项卡，在"表格"面板中单击"表格样式"按钮，将打开"表格样式"对话框，单击"新建"按钮，可以使用打开的"创建新的表格样式"对话框来创建新的表格样式。创建表格样式的一般过程如图 2-142 所示。

在"新建表格样式"对话框中，从下拉列表中选择"数据"、"表头"或"标题"三种不同单元形式的任意一种时，所出现的"常规"、"文字"、"边框"三个选项卡的内容基本相似，可以设置表格单元中的文字样式、高度、颜色、表格的背景填充颜色、表格单元中的文字对齐方式、表格的边框是否存在以及表格单元内容距离边线的水平和垂直距离等特性。

在 AutoCAD 2009 中，还可以使用"表格样式"对话框来管理图形中的表格样式。在该对话框的"样式"列表框中显示了当前图形所包含的表格样式；在"预览"窗口显示了选中的表格样式；在"列出"下拉列表中，可以通过选择"所有样式"或"正在使用的样式"两种方式中的一种，来选定是显示图形中的所有样式，还是正在使用的样式；可以单击"置为当前"按钮，将选中的表格样式设置为当前；单击"修改"按钮，在打开的"修改表格样式"对话框中修改选中的表格样式；单击"删除"按钮，删除选中的表格样式。

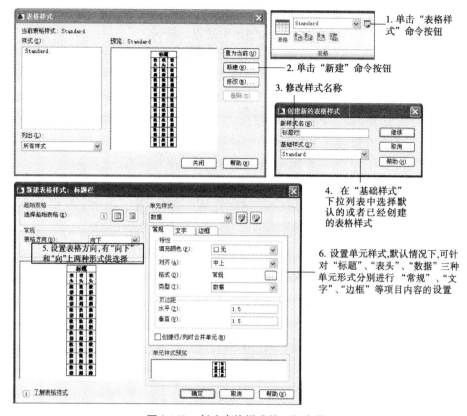

图 2-142　创建表格样式的一般步骤

（十）创建表格

单击"菜单浏览器"按钮，在弹出的菜单中选择"绘图"→"表格"命令，或者在"功能区"选项板中选择"注释"选项卡，在"表格"面板中单击"表格"按钮，都将打开"插入表格"对话框，如图 2-143 所示。

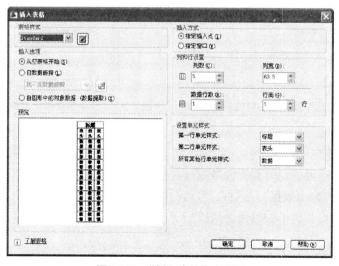

图 2-143　"插入表格"对话框

在"表格样式"选项区域中,可以从"表格样式名称"下拉列表中选择表格样式,或单击其后的 按钮,打开"表格样式"对话框,创建新的表格样式。

在"插入方式"选项区域中,选择"指定插入点"单选按钮,可以在绘图窗口中的某点插入固定大小的表格;选择"指定窗口"单选按钮,可以在绘图窗口中通过拖动表格边框来创建任意大小的表格。

在"列和行设置"选项区域中,可以通过改变"列数"、"列宽"、"数据行数"和"行高"文本框中的数值来调整表格的外观大小。

在"设置单元样式"选项区域中,可以改变默认行的单元样式。

(十一)编辑表格和表格单元

在 AutoCAD 2009 中,可以使用表格的快捷菜单来编辑表格。当选中整张表格时,其快捷菜单如图2-144所示;当选中表格单元时,其快捷菜单如图2-145所示。

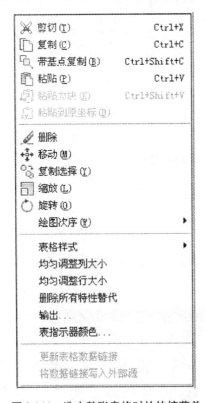

图2-144 选中整张表格时的快捷菜单

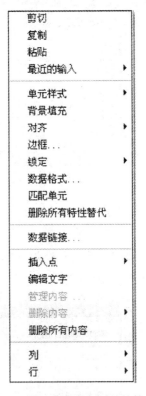

图2-145 选中表格单元时的快捷菜单

1. 编辑表格

从表格的快捷菜单中选择相应的选项,可以对表格进行剪切、复制、删除、移动、缩放和旋转等简单操作,还可以均匀调整表格的行、列大小,删除所有特性替代。当选择"输出"命令时,还可以打开"输出数据"对话框,以.csv 格式输出表格中的数据。

当选中表格后,在表格的四周、标题行上将显示许多夹点,也可以通过拖动这些夹点来编辑表格。

2. 编辑表格单元

使用表格单元快捷菜单可以编辑表格单元。其主要命令选项的功能说明如下：

(1)"对齐"命令：在该命令子菜单中可以选择表格单元的对齐方式，如左上、左中、左下等。

(2)"边框"命令：选择该命令将打开"单元边框特性"对话框，可以设置单元格边框的线宽、颜色等特性。

(3)"匹配单元"命令：用当前选中的表格单元格式（源对象）匹配其他表格单元（目标对象），此时鼠标指针变为刷子形状，单击目标对象即可进行匹配。

(4)"插入点"命令：选择该命令子菜单中的"块"、"编辑字段"或者"公式"可以向表格单元格中插入块、字段或公式等。

此外，在 AutoCAD 2009 中，当选中整张表格或者选中表格单元时，都会出现如图 2-146 所示的"表格"选项卡，利用该选项卡下各面板中的功能按钮可以实现表格或单元格的多项操作。

图 2-146 "表格"选项卡

▶作图步骤

① 启动 AutoCAD 2009，单击"菜单浏览器"按钮，在弹出的菜单中选择"文件"→"新建"命令，弹出"选择样板"对话框，如图 2-147 所示。

图 2-147 "选择样板"对话框

在"选择样板"对话框中，可以在"名称"列表框中选中某一样板文件，这时在其右边的"预览"框中将显示出该样板的预览图像。单击对话框右下方的"打开"按钮，可以以选中的样板文件为样板创建新图形。

本项目的目的是创建一个样板文件，所以单击"打开"按钮旁边的下拉箭头按钮，并选择"无样板打开 - 公制"选项。

② 设置绘图单位和精度。选择"格式"→"单位"命令,在打开的"图形单位"对话框中设置绘图时使用的长度单位为小数,精度为 0.000;角度单位采用十进制,精度为 0.0;其他采用系统默认值,如图 2-148 所示,设置完毕后单击"确定"按钮。

③ 设置图形界限。选择"格式"→"图形界限"命令,或在命令行输入"LIMITS"命令,然后在命令行提示信息下输入图纸左下角坐标(0,0)并按【Enter】键,接着在提示信息下输入图纸右上角坐标(420,297),并按【Enter】键确定。此时确定的图纸的幅面为 A3 图纸的幅面大小(420 毫米×297 毫米)。在执行完"图形界限"设置命令后,最好立即

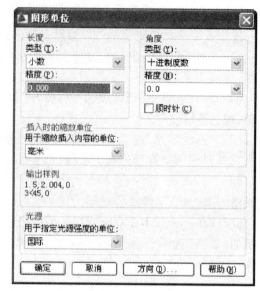

图 2-148 设置图形单位

单击"菜单浏览器"按钮 ,执行"视图"→"缩放"→"全部"命令,然后再单击状态栏上的"栅格"按钮,查看在绘图窗口中用栅格点显示的图限范围。

④ 设置图层。在系统菜单中选择"格式"→"图层"命令,或者单击"图层特性"按钮,在弹出的"图层特性管理器"对话框中,新建图层并更名,然后设置相应图层的线型和颜色(参照附录 2:CAD 工程制图规则 GB/T 18229—2000),如图 2-149 所示。设置完毕,单击"确定"按钮,关闭"图层特性管理器"对话框。

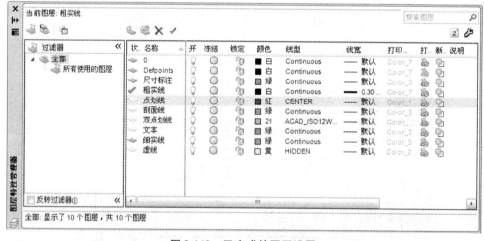

图 2-149 已完成的图层设置

⑤ 设置文字样式。CAD 工程图中所用的字体应按照 GB/T 13362.4～13362.5 和 GB/T 14691 的要求执行。图中标注及说明的汉字、标题栏、明细栏等采用长仿宋字体。长仿宋体形文件名为 gbcbig.shx。图中标题栏中的设计单位名称、图样名称、工程名称等文字采用宋体、仿宋体、楷体或者单线宋体等。CAD 制图标准中建议汉字字体高度(用 h 表示,单位为 mm)选择 5 mm,但在实际企业制图中,应尽量选用 1.8、2.5、3.5、5、7、10、14、20 系列内的公

称尺寸,汉字的高度 h 不应小于 3.5 mm 即可。在这里我们设置四种字体样式,其设置的参数要求见表2-3。

表2-3 设置的四种字体样式参数

序 号	字体样式名称	设置的字体	字体高度
1	5号长仿宋	长仿宋字体	5 mm
2	7号长仿宋	长仿宋字体	7 mm
3	10号楷体	楷体-GB2312	10 mm
4	3.5号长仿宋	长仿宋字体	3.5 mm

以设置"3.5号长仿宋"样式为例,选择"格式"→"文字样式"命令,打开"文字样式"对话框,单击"新建"按钮。创建文字样式的方法如图2-150所示。

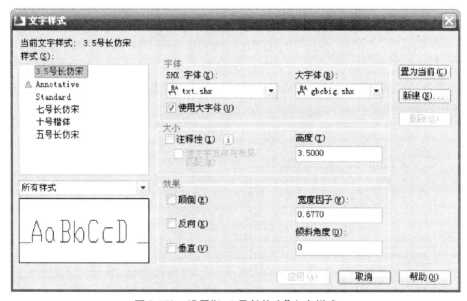

图2-150 设置"3.5号长仿宋"文字样式

⑥ 设置尺寸标注样式。CAD工程制图中,设置尺寸标注样式应遵守相关行业的有关标准或者规定。在同一CAD工程制图中,一般只采用一种箭头的形式,但箭头所需位置不够时,允许用圆点或斜线代替箭头;尺寸标注的数字或者字母高度用3.5 mm;尺寸线和尺寸界限都采用细实线绘制。在一张工程图中,针对不同形式的标注,用户可能要设置几种标注样式来解决这种问题,避免标注上的混乱。

⑦ 绘制纸边界线和图框线。在使用AutoCAD绘图时,纸边界线和图框线都不能直观地反映出来,所以用户在绘图时要用"直线"或者"矩形"命令,分别在"细实线"图层和"粗实线"图层上绘制纸边界线和图框线,以便准确将图形控制在图框范围内。绘制的结果如图2-151所示。

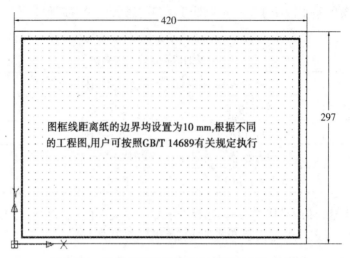

图 2-151 已绘制的纸边界线和图框线及尺寸要求

⑧ 绘制标题栏。CAD 工程图中的标题栏,应遵守 GB/T 10609.1 中的有关规定,每张 CAD 工程图均应配置标题栏,并应配置在图框的右下角,其尺寸如图 2-152 所示。如果在 CAD 工程图的装配图中,一般还应配置明细栏。CAD 工程图中的明细栏,应遵守 GB/T 10609.2 中的有关规定。

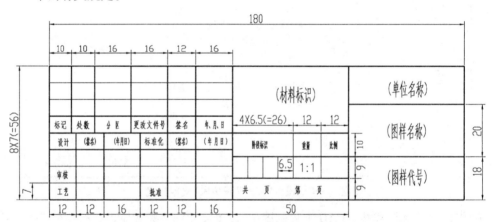

图 2-152 CAD 工程图中标题栏的格式

⑨ 保存样板图。选择"文件"→"另存为"命令,打开如图 2-153 所示的"图形另存为"对话框,在"文件类型"下拉列表中选择"AutoCAD 图形样板(﹡.dwt)"选项,在"文件名"文本框中输入文件名称"A3"。单击"保存"按钮,将打开"样板选项"对话框,在"说明"选项组中输入对样板图的描述和说明,如图 2-154 所示。此时就创建好了一个标准的 A3 幅面的样板文件。

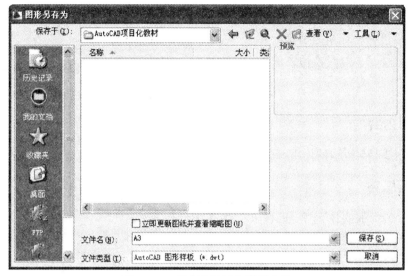

图 2-153 指定路径保存样板文件

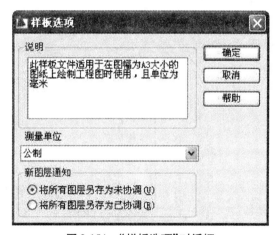

图 2-154 "样板选项"对话框

项目七 休闲亭的绘制

【学习要点】
- 了解三维绘图的一些基本术语。
- 掌握三维坐标的应用方法。
- 掌握"动态观察"的使用方法。
- 掌握"长方体"、"圆柱体"、"圆锥体"、"球体"等基本实体的创建方法。
- 掌握利用二维闭合曲线通过"拉伸"、"旋转"、"扫掠"或"放样"生成实体的方法。
- 掌握实体的"并集"、"差集"、"交集"等几种布尔运算方法。

- 掌握三维实体的"移动"、"镜像"、"阵列"、"旋转"、"对齐"等操作的使用方法。
- 掌握用户坐标系的创建方法。
- 掌握标注三维对象的方法。

▶项目内容

完成如图 2-155 所示的休闲亭的绘制。

▶作图思路

如图 2-155 所示的休闲亭,是在人们生活小区或公园中常见的一种建筑物。在本项目中我们将介绍该休闲亭三维模型的制作方法。从其立体图形的结构可以看出,该图形主要包含圆柱体、长方体等基本图形元素。通过绘制休闲亭,希望用户掌握一些 AutoCAD 中三维建模命令的使用方法。休闲亭的作图步骤分析如图 2-156 所示。

图 2-155 休闲亭

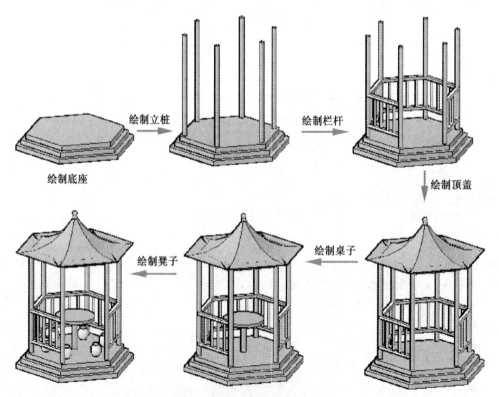

图 2-156 休闲亭作图步骤分析

▶理论基础

（一）三维绘图的一些基本术语

三维实体模型需要在三维实体坐标系下进行描述。在创建三维实体模型前，首先要了解下面的一些基本术语：

（1）XY 平面：X 轴垂直于 Y 轴组成的一个平面，此时 Z 轴的坐标是 0。

（2）Z 轴：三维坐标系的第三轴，它总是垂直于 XY 平面。

（3）高度：主要是 Z 轴上的坐标值。

（4）厚度：主要是 Z 轴的长度。

（5）相机位置：在观察三维模型时，相机的位置相当于视点。

（6）目标点：当眼睛通过照相机看某物体的时候，视线聚焦在一个清晰的点上，该点就是所谓的目标点。

（7）视线：假想的线，它是将视点和目标点连接起来的线。

（8）和 XY 平面的夹角：视线与其在 XY 平面的投影线之间的夹角。

（9）XY 平面角度：视线在 XY 平面和投影线与 X 轴之间的夹角。

（二）三维坐标系及三维坐标

AutoCAD 不但拥有强大的二维绘图功能，而且同样具有强大的三维绘图功能。要创建三维图形，就一定要使用三维坐标系和三维坐标。

本书第一章中介绍了平面坐标系的使用方法，它的所有变换和使用方法同样适用于三维坐标系。此外，在绘制三维图形时，还可使用柱坐标和球坐标来定义点。

（1）柱坐标系的表达形式如图 2-157 所示，其格式如下：

绝对坐标：XY 平面距离 < XY 平面角度，Z 坐标

相对坐标：@XY 平面距离 < XY 平面角度，Z 坐标

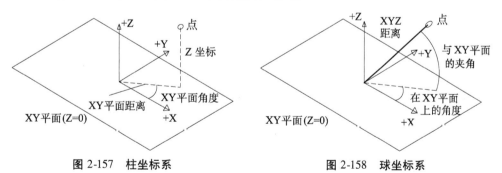

图 2-157　柱坐标系　　　　　图 2-158　球坐标系

（2）球坐标系的表达形式如图 2-158 所示，其格式如下：

绝对坐标：XYZ 距离 < XY 平面角度 < 和 XY 平面的夹角

相对坐标：@XYZ 距离 < XY 平面角度 < 和 XY 平面的夹角

（三）动态观察

AutoCAD 提供了很多观察三维图形的方法，其中"动态观察"就是用户常用于观察图形的一种便捷工具。利用动态观察，用户能够控制三维对象的显示模式。

单击"菜单浏览器"按钮，在弹出的菜单中选择"视图"→"动态观察"命令，或者在

"三维建模"工作空间的"功能区"选项板中选择"默认"选项卡,在"视图"面板中单击"受约束的动态观察"、"自由动态观察"、"连续动态观察"等任一按钮(图 2-159),用户都可以动态观察视图。

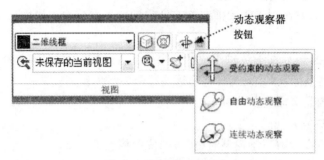

图 2-159　动态观察器按钮

用户启动三维动态观察后,如果要退出"三维动态观察",请按【Enter】键、【Esc】键或从快捷菜单中选择"退出"命令。

(四) 创建三维实体

在用 AutoCAD 2009 三维建模时,用户可以创建一些基本的三维实体:长方体、球体、圆柱体、圆锥体、楔体、圆环体等。

1. 长方体

绘制"长方体"的基本思路如图 2-160 所示。

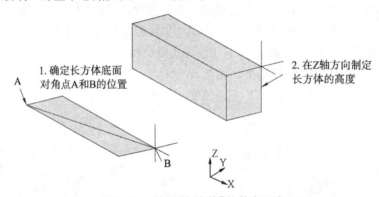

图 2-160　绘制"长方体"的基本思路

单击"菜单浏览器"按钮![],在弹出的菜单中选择"绘图"→"建模"→"长方体"命令,或者在"功能区"选项板中选择"默认"选项卡,在"三维建模"面板中单击"长方体"按钮(图 2-161)。

图 2-161　"三维建模"面板中的"长方体"命令按钮

执行"长方体"命令后,命令区域提示以下信息:

命令:_box
指定第一个角点或[中心(C)]:
指定其他角点或[立方体(C)/长度(L)]:
指定高度或[两点(2P)]<268.4721>:

其中部分选项的意义如下:

（1）指定其他角点：这是默认选项，根据另一个角点位置来创建长方体。
（2）立方体（C）：该项将创建一个长、宽、高相同的长方体。
（3）长度（L）：该项将按照指定的长、宽、高创建长方体。
（4）中心（C）：该项使用指定的中心点创建长方体。

2．圆柱体

绘制"圆柱体"的基本思路如图 2-162 所示。

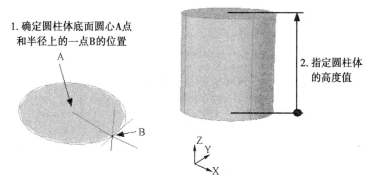

图 2-162　绘制"圆柱体"的基本思路

单击"菜单浏览器"按钮，在弹出的菜单中选择"绘图"→"建模"→"圆柱体"命令，或者在"功能区"选项板中选择"默认"选项卡，在"三维建模"面板中单击"圆柱体"按钮（图2-163）。

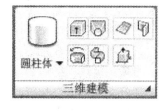

图2-163　"三维建模"面板中的"圆柱体"命令按钮

执行"圆柱体"命令后，命令区域提示以下信息：

命令：_cylinder

指定底面的中心点或[三点(3P)/两点(2P)/切点、切点、半径(T)/椭圆(E)]：

指定底面半径或[直径(D)]：

指定高度或[两点(2P)/轴端点(A)]：

其中部分选项的含义如下：

（1）指定底面的中心点：这是默认选项，创建圆柱体，要求用户确定圆柱体底面的中心点位置。

（2）椭圆（E）：该项可创建具有椭圆底的圆柱体。

3．圆锥体

绘制"圆锥体"的基本思路如图 2-164 所示。

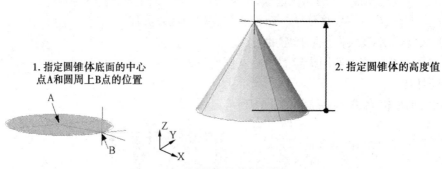

图 2-164　绘制"圆锥体"的基本思路

单击"菜单浏览器"按钮，在弹出的菜单中选择"绘图"→"建模"→"圆锥体"命令，或者在"功能区"选项板中选择"默认"选项卡,在"三维建模"面板中单击"圆锥体"按钮(图 2-165)。

执行"圆锥体"命令后，命令区域提示以下信息：

命令：_cone

图2-165　"三维建模"面板中的"圆锥体"命令按钮

指定底面的中心点或[三点(3P)/两点(2P)/切点、切点、半径(T)/椭圆(E)]：

指定底面半径或[直径(D)]<547.2689>：

指定高度或[两点(2P)/轴端点(A)/顶面半径(T)]<673.6973>：

其中部分选项的含义如下：

（1）指定底面的中心点：这是默认选项,创建圆锥体,要求用户确定圆锥体底面的中心点位置。

（2）椭圆(E)：该项可创建椭圆形圆锥体,即底面为椭圆。

4．球体

绘制"球体"的基本思路如图 2-166 所示。

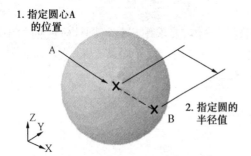

图 2-166　绘制"球体"的基本思路

图 2-167　三维建模面板中"球体"命令按钮

单击"菜单浏览器"按钮，在弹出的菜单中选择"绘图"→"建模"→"球体"命令,或者在"功能区"选项板中选择"默认"选项卡,在"三维建模"面板中单击"球体"按钮(图 2-167)。

执行"球体"命令后,命令区域提示以下信息：

命令:_sphere
指定中心点或[三点(3P)/两点(2P)/切点、切点、半径(T)]:
指定半径或[直径(D)]<948.7066>:

用户绘制球体时可以通过改变Isolines变量,来确定每个面上的线框密度。如图2-168所示为ISOLINES变量值分别为4和32时,球体显示线框模型的情况。

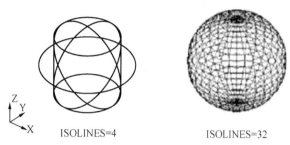

图2-168 系统变量ISOLINES值不同时球体比较

5．圆环体

绘制"圆环体"的基本思路如图2-169所示。

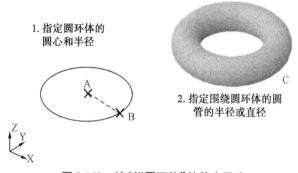

图2-169 绘制"圆环体"的基本思路

单击"菜单浏览器"按钮,在弹出的菜单中选择"绘图"→"建模"→"圆环体"命令,或者在"功能区"选项板中选择"默认"选项卡,在"三维建模"面板中单击"圆环体"按钮(图2-170)。

执行"圆环体"命令后,命令区域提示以下信息:

命令:_torus

图2-170 "三维建模"面板中的"圆环体"命令按钮

指定中心点或[三点(3P)/两点(2P)/切点、切点、半径(T)]:
指定半径或[直径(D)]<803.0716>:
指定圆管半径或[两点(2P)/直径(D)]:

用户在上面的提示中输入半径的时候,如果两个半径都是正值,且圆管半径大于圆环体半径,结果就像一个两极凹陷的球体;如果圆环体半径为负值,圆管半径为正值且大于圆环体半径的绝对值,则结果就像一个两极尖锐突出的球体。

（五）通过二维图形创建实体

在 AutoCAD 2009 中，除了可以绘制一些三维基本实体外，还允许用户通过拉伸二维轮廓曲线来得到三维实体。

1."拉伸"实体

"拉伸"命令可以将2D对象（闭合对象）沿Z轴或某个方向拉伸成实体。拉伸对象称为断面，可以是任何2D封闭多段线、圆、椭圆、封闭样条曲线和面域。"拉伸"形成实体的基本思路如图2-171所示。

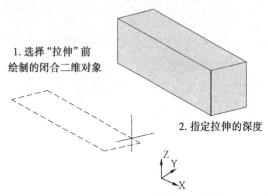

图 2-171 "拉伸"形成实体的基本思路　　　图 2-172 "三维建模"面板中的"拉伸"命令按钮

单击"菜单浏览器"按钮，在弹出的菜单中选择"绘图"→"建模"→"拉伸"命令，或者在"功能区"选项板中选择"默认"选项卡，在"三维建模"面板中单击"拉伸"按钮（图2-172）。

执行"拉伸"命令后，命令区域提示以下信息：

命令：_extrude

当前线框密度：ISOLINES = 4

选择要拉伸的对象：

选择要拉伸的对象：

指定拉伸的高度或[方向(D)/路径(P)/倾斜角(T)] <500>：

其中部分选项的含义如下：

（1）指定拉伸的高度：这是默认选项，按指定的高度来拉伸实体对象。如果输入正值，则沿对象所在的坐标系的Z轴正向拉伸对象；如果输入负值，则沿Z轴负向拉伸对象。

（2）倾斜角(T)：该项正角度表示从基准对象逐渐变细的拉伸，负角度则表示从基准对象逐渐变粗的拉伸。默认角度"0"表示在与二维对象所在平面垂直的方向上进行拉伸。角度允许的范围是 -90°~90°。

（3）路径(P)：该项选择基于指定曲线对象的拉伸路径。拉伸路径可以是直线、圆、圆弧、椭圆、椭圆弧、多段线或样条曲线。路径既不能与轮廓共面，也不能具有高曲率的区域。

注意：如果使用直线或圆弧来创建轮廓，在使用"拉伸实体"命令之前需要用 PEDIT 命令的"合并"选项把它们转换成单一的多段线对象或使它们成为一个面域。

2."旋转"实体

"旋转"命令可以实现将二维对象绕指定的轴旋转，来创建三维实体。旋转所用的二维对象可以是闭合多段线、多边形、圆、椭圆、闭合样条曲线、圆环和面域等。"旋转"命令也可以旋转开放曲线生成曲面。"旋转"形成实体的基本思路如图2-173所示。

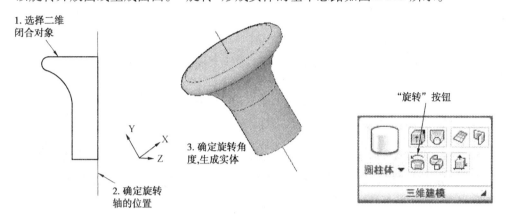

图2-173 "旋转"形成实体的基本思路　　图2-174 "三维建模"面板中的"旋转"命令按钮

单击"菜单浏览器"按钮，在弹出的菜单中选择"绘图"→"建模"→"旋转"命令，或者在"功能区"选项板中选择"默认"选项卡，在"三维建模"面板中单击"旋转"按钮（图2-174）。

执行"旋转"命令后，命令区域提示以下信息：

命令：_revolve

当前线框密度：ISOLINES = 4

选择要旋转的对象：指定对角点：

选择要旋转的对象：

指定轴起点或根据以下选项之一定义轴[对象(O)/X/Y/Z]＜对象＞：

指定轴端点：

指定旋转角度或[起点角度(ST)]＜360＞：

其中部分选项的含义如下：

（1）指定轴起点：这是默认选项，通过旋转轴的两端点来定义旋转轴。

（2）对象(O)：该项表示选择现有的直线或多段线中的单条线段定义义轴，这个对象绕该轴旋转。轴的正方向从这条直线上的最近端点指向最远端点。

（3）X/Y/Z：该项以X轴/Y轴/Z轴作为旋转轴，利用右手螺旋定则判定实体生成时的旋转方向，即X轴/Y轴/Z轴的正向作为大拇指的所指方向，弯曲四指的方向为实体旋转方向。

3．"扫掠"实体

"扫掠"命令可以实现将二维闭合对象沿指定路径扫描来生成三维实体。选择扫描的对象时，该对象将自动与用做路径的对象对齐。"扫掠"命令也可以扫描开放曲线生成曲面。"扫掠"形成实体的基本思路如图2-175所示。

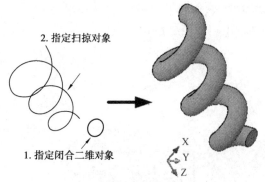 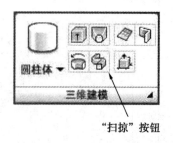

图 2-175 "扫掠"形成实体的基本思路　　图 2-176 "三维建模"面板中的"扫掠"命令按钮

单击"菜单浏览器"按钮，在弹出的菜单中选择"绘图"→"建模"→"扫掠"命令，或者在"功能区"选项板中选择"默认"选项卡，在"三维建模"面板中单击"扫掠"按钮（图 2-176）。

执行"扫掠"命令后，命令区域提示以下信息：

命令：_sweep

当前线框密度：ISOLINES = 4

选择要扫掠的对象：找到 1 个

选择要扫掠的对象：

选择扫掠路径或[对齐(A)/基点(B)/比例(S)/扭曲(T)]：

4."放样"实体

"放样"命令可以实现将多个不在同一平面上的二维对象按照一定的次序连接起来形成三维实体。"放样"命令形成实体的基本思路如图 2-177 所示。

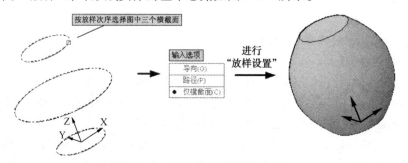

图 2-177 "放样"实体的基本思路

单击"菜单浏览器"按钮，在弹出的菜单中选择"绘图"→"建模"→"放样"命令，或者在"功能区"选项板中选择"默认"选项卡，在"三维建模"面板（图 2-178）中单击"放样"按钮。

执行"放样"命令后，命令区域提示以下信息：

命令：_loft

按放样次序选择横截面：找到 1 个

按放样次序选择横截面：找到 1 个，总计 2 个

按放样次序选择横截面：找到 1 个，总计 3 个

图 2-178 "三维建模"面板中的"放样"命令按钮

按放样次序选择横截面:(回车)
输入选项[导向(G)/路径(P)/仅横截面(C)]<仅横截面>:C

(六)三维实体的布尔运算

布尔运算是指几何的交、并、差运算。用户可以对三维实体对象进行布尔运算,得到更复杂的实体对象。

单击"菜单浏览器"按钮,在弹出的菜单中选择"修改"→"实体编辑"→"并集"或者"差集"或者"交集"命令,或者在"功能区"选项板中选择"默认"选项卡,在"实体编辑"面板(图2-179)中单击"并集"、"差集"或"交集"按钮。

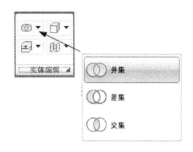

图2-179 "实体编辑"面板中的"布尔运算"命令按钮

1. 并集运算

该命令主要用于将多个相交或相接触的对象组合在一起。"并集"命令形成新实体的基本思路如图2-180所示。

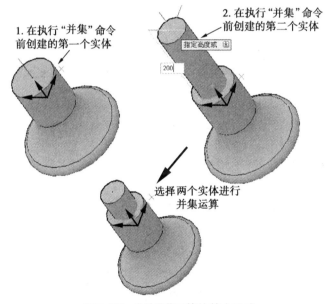

图2-180 "并集"运算的基本思路

注意:当组合一些不相交的实体时,其显示效果看起来还是多个实体,但实际上却被当做一个对象。

2. 差集运算

通过差集运算操作从第一个选择集中的对象减去第二个选择集中的对象,然后创建一个新的实体。"差集"命令形成新实体的基本思路如图2-181所示。

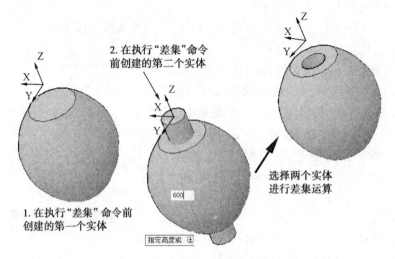

图 2-181 "差集"运算的基本思路

执行"差集"命令后,命令区域提示以下信息:

命令:_subtract

选择要从中减去的实体或面域…

选择对象:找到 1 个

选择对象:(回车)

选择要减去的实体或面域…

选择对象:找到 1 个

选择对象:(回车)

3. 交集运算

"交集"命令可以利用各实体的公共部分创建新实体。"交集"命令形成新实体的基本思路如图 2-182 所示。

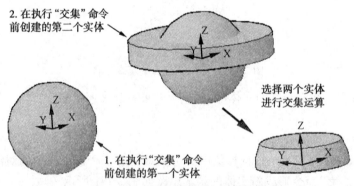

图 2-182 "交集"运算的基本思路

(七) 三维操作

在 AutoCAD 中,可以使用三维编辑命令,在三维空间中移动、复制、镜像、对齐以及阵列三维对象。

单击"菜单浏览器"按钮,在弹出的菜单中选择"修改"→"三维操作"→"三维移动"

或"三维旋转"或"三维对齐"等命令,或者在"功能区"选项板中选择"默认"选项卡,在"修改"面板中单击"三维移动"、"三维对齐"、"三维阵列"、"三维镜像"或"三维旋转"等按钮(图2-183)。

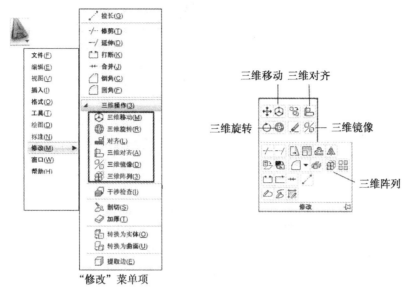

图2-183 三维操作执行途径

1. 三维移动

执行"三维移动"命令时,首先需要指定一个基点,然后指定第二个点即可移动三维对象。移动实体对象的示意图如图2-184所示。

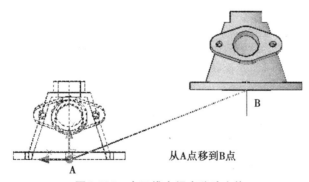

图2-184 在三维空间中移动实体

2. 三维镜像

执行"三维镜像"命令,可以在三维空间中将指定对象相对于某一平面镜像,如图2-185所示。执行该命令并选择需要进行镜像的对象,然后指定镜像面。镜像面可以通过三点确定,也可以是对象、最近定义的面、Z轴、视图、XY平面、YZ平面和ZX平面。

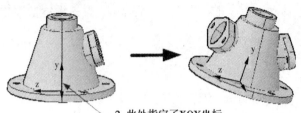

图 2-185　镜像复制图形

3. 三维旋转

执行"三维旋转"命令，可以使对象绕三维空间中任意轴线（平行于 X 轴、Y 轴或 Z 轴）旋转，如图 2-186 所示。

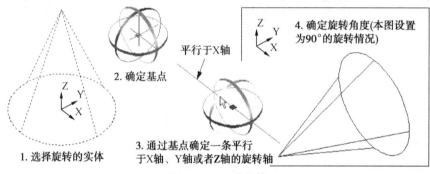

图 2-186　三维旋转

4. 三维对齐

执行"三维对齐"命令，可以对齐对象，如图 2-187 所示。首先选择源对象，在命令行"指定基点或[复制(C)]:"提示下输入第一个点，在命令行"指定第二个点或[继续(C)]<C>:"提示下输入第二个点，在命令行"指定第三个点或[继续(C)]<C>:"提示下输入第三个点，目标对象上同样需要确定三对点，来与源对象上的点相对齐。

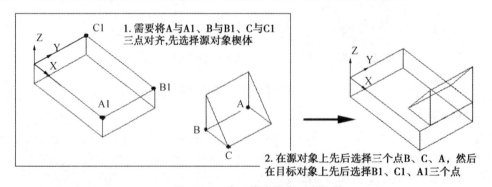

图 2-187　在三维空间中对齐位置

5. 三维阵列

执行"三维阵列"命令，可以在三维空间中使用环形阵列或矩形阵列方式复制对象，此时在命令提示区域提示如下信息：

命令:_3darray
选择对象:
输入阵列类型[矩形(R)/环形(P)]<矩形>:

在命令行的"输入阵列类型[矩形(R)/环形(P)]<矩形>:"提示下,选择"矩形(R)"选项或者直接按回车键,可以以矩形阵列方式复制对象(图2-188),此时需要依次指定阵列的行数、列数、阵列的层数、行间距、列间距及层间距。其中,矩形阵列的行、列、层分别沿着当前 UCS 的 X 轴、Y 轴和 Z 轴的方向。输入某方向的间距值为正值时,表示将沿相应坐标轴的正方向阵列,否则沿反方向阵列。

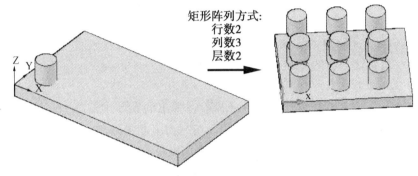

图 2-188　三维空间矩形阵列对象

在命令行的"输入阵列类型[矩形(R)/环形(P)]<矩形>:"提示下,选择"环形(P)"选项,可以以环形阵列方式复制对象(图2-189),此时需要输入阵列的项目个数,并指定环形阵列的填充角度,确认是否要进行自身旋转,然后指定阵列的中心点及旋转轴上的另一点,确定旋转轴。

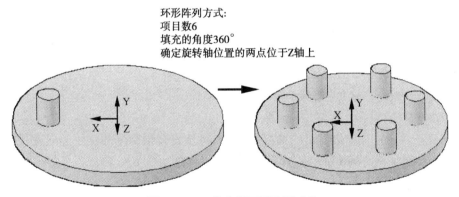

图 2-189　三维空间环形阵列对象

(八) 创建用户坐标系

在三维建模时,用户为了方便作图,会经常根据需要建立新的坐标系。用户建立新的坐标系的方法是单击"菜单浏览器"按钮,在弹出的菜单中选择"工具"→"新建 UCS"→……命令,或者在"功能区"选项板中选择"视图"选项卡,在"UCS"面板中单击相应的"创建用户坐标系"按钮,或在命令行输入命令 UCS 即可。

执行命令后,提示区域提示以下信息:

指定 UCS 的原点或[面(F)/命名(NA)/对象(OB)/上一个(P)/视图(V)/世界(W)/X/Y/Z/Z 轴(ZA)]<世界>：

各选项含义如下：

(1) 世界(W)：从当前的用户坐标系恢复到世界坐标系。

(2) 上一个(P)：从当前的坐标系恢复到上一个坐标系统。

(3) 面(F)：将 UCS 与实体对象的选定面对齐。

(4) 对象(OB)：根据选取的对象快速、简单地建立 UCS，使对象位于新的 XY 平面,其中 X 轴和 Y 轴的方向取决于选择的对象类型。

(5) 视图(V)：以垂直于观察方向(平行于屏幕)的平面为 XY 平面,建立新的坐标系,UCS 原点保持不变。

(6) Z 轴(ZA)：用特定的 Z 轴正半轴定义 UCS。

(7) X/Y/Z：旋转当前的 UCS 轴来建立新的 UCS。

(九) 标注三维对象尺寸

在 AutoCAD 中,单击"菜单浏览器"按钮，在弹出的菜单中选择"标注"→……命令,或者在"功能区"选项板中选择"注释"选项卡,在"标注"面板中单击相应的创建标注命令按钮,不仅可以标注二维对象的尺寸,还可以标注三维对象的尺寸。由于所有的尺寸标注都只能在当前坐标的 XY 平面中进行,因此为了准确标注三维对象中各部分的尺寸,用户只要掌握变换坐标系以及二维对象标注方法即能迅速掌握三维对象尺寸标注方法。

▶作图步骤

① 启动 AutoCAD 2009,不做任何绘图环境的设置。

② 绘制正六边形。单击"正多边形"命令按钮，绘制正六边形。命令行提示如下信息：

命令：Polygon

输入边的数目 <6>：6

指定正多边形的中心点或[边(E)]：0,0,0

输入选项[内接于圆(I)/外切于圆(C)] <I>：I

指定圆的半径：50

③ 创建正六棱柱。单击"拉伸"命令按钮，将步骤②绘制好的正六边形进行拉伸,拉伸高度为 5,结果如图 2-190 所示。命令行提示如下信息：

命令：_extrude

当前线框密度：ISOLINES = 20

选择要拉伸的对象：找到 1 个

选择要拉伸的对象：

指定拉伸的高度或[方向(D)/路径(P)/倾斜角(T)] <27.0000>：5

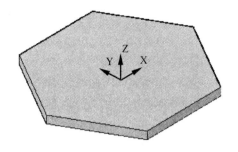
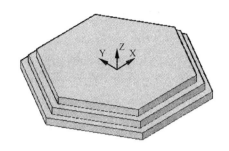

图 2-190　正六棱柱　　　　　　图 2-191　休闲亭底座

同理创建另外两个正六棱柱,圆的半径分别为 55 和 60,高度均为 5,结果如图 2-191 所示。命令行提示如下信息:

命令:Polygon 输入边的数目 <6>:6
指定正多边形的中心点或[边(E)]:0,0,0
输入选项[内接于圆(I)/外切于圆(C)]<I>:
指定圆的半径:55
命令:Extrude
当前线框密度:ISOLINES=20
选择要拉伸的对象:找到 1 个
选择要拉伸的对象:
指定拉伸的高度或[方向(D)/路径(P)/倾斜角(T)]<5.0000>:-5
命令:Polygon
输入边的数目 <6>:6
指定正多边形的中心点或[边(E)]:0,0,-5
输入选项[内接于圆(I)/外切于圆(C)]<I>:I
指定圆的半径:60
命令:Extrude
当前线框密度:ISOLINES=20
选择要拉伸的对象:找到 1 个
选择要拉伸的对象:
指定拉伸的高度或[方向(D)/路径(P)/倾斜角(T)]<-5.0000>:-5

④ 创建休闲亭立柱。单击"圆柱"命令按钮,圆柱底面中心坐标为(45,0,5),半径为 2,高度为 100,结果如图 2-192 所示。

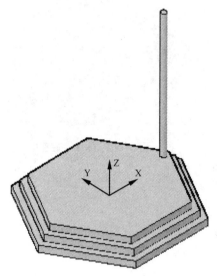
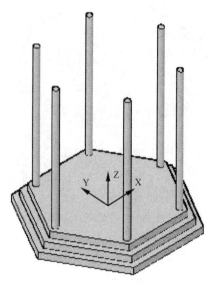

图 2-192　创建休闲亭单根立柱　　　　图 2-193　阵列形成休闲亭四周立柱

⑤ 将休闲亭单根立柱环形阵列后效果如图 2-193 所示。以 Z 轴为阵列中心轴,阵列数目为 6,角度为 360°。

⑥ 创建休闲亭栏杆横档。移动坐标系到圆柱(立柱)底面中心后单击"长方体"命令按钮,创建对角点坐标分别为(0,-1.5,10)、(45,1.5,13)的长方体,然后将其沿 Z 轴正向 30 的位置复制一个新的对象,结果如图 2-194 所示。

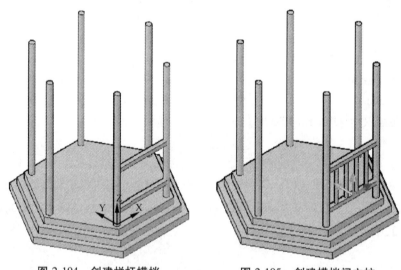

图 2-194　创建栏杆横档　　　　图 2-195　创建横档间立柱

⑦ 创建横档间的立柱。移动坐标系到长方体长边的中点,然后单击"圆柱体"命令按钮,创建一个底面圆心为(-13.5,1.5,0)、底面半径为 1、高度为 27 的圆柱体。接下来采用矩形阵列的方式阵列刚创建好的圆柱体:行数为 1,列数为 4,层数为 1,列间距为 9。结果如图 2-195 所示。

⑧ 将步骤⑥和⑦完成的长方体和圆柱利用"并集"合并成为一个整体,再将坐标系转化成世界坐标系后进行环形阵列,结果如图 2-196 所示。

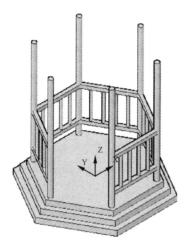

图 2-196　合并横档及立柱成整体并阵列栏杆　　　图 2-197　创建休闲亭顶盖

⑨ 创建休闲亭的顶盖。移动坐标系与立柱的上表面平齐,单击"放样"命令按钮,创建顶盖结构:首先以内接于圆的方式创建三个半径分别为 60、30、5 的正六边形,正六边形中心在 Z 轴方向的距离分别为 10、20,然后进行放样造型。结果如图 2-197 所示。

⑩ 利用旋转命令创建顶盖顶部的结构,结果如图 2-198 所示。

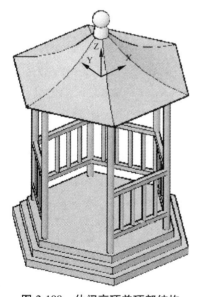

图 2-198　休闲亭顶盖顶部结构　　　图 2-199　创建休闲亭中的桌子

⑪ 转换坐标系为世界坐标系,然后创建休闲亭中的桌子。单击"圆柱体"命令按钮,圆柱的底面半径分别为 2.5 与 20,高度分别为 30 与 3。结果如图 1-199 所示。

⑫ 创建休闲亭中桌子周围的凳子。单击"旋转"命令按钮,创建其中一个凳子后,使用环形阵列总共生成 6 个凳子。结果如图 2-200 所示。

图 2-200　创建休闲亭中的凳子

思考与练习题

一、选择题

1. 下列哪一个选项不可以用来绘制圆弧　　　　　　　　　　　　　　　　　　[　　]
　 A. 起点、圆心、终点　　　　　　　　B. 起点、圆心、方向
　 C. 圆心、起点、长度　　　　　　　　D. 起点、终点、半径
2. 执行多段线编辑命令（PEDIT）后，提示信息中哪一个选项可以改变多段线的宽度

　　　　　　　　　　　　　　　　　　　　　　　　　　　　　　　　　　　　[　　]
　 A. 方向　　　　　　　　　　　　　　B. 半径
　 C. 宽度　　　　　　　　　　　　　　D. 长度
3. 画一个圆与三个对象相切，应使用绘制"圆"命令中的哪一个选项　　　　　　[　　]
　 A. 相切、相切、半径　　　　　　　　B. 相切、相切、相切
　 C. 三点　　　　　　　　　　　　　　D. 圆心、直径
4. 在下列命令中，具有修剪功能的是　　　　　　　　　　　　　　　　　　　[　　]
　 A. 偏移　　　　　　　　　　　　　　B. 拉伸
　 C. 拉长　　　　　　　　　　　　　　D. 倒直角
5. 最常用的拉伸命令（STRETCH）的物体选取模式是　　　　　　　　　　　　[　　]
　 A. 窗交或多边形交　　　　　　　　　B. 窗交、多边形交和隐含
　 C. 窗口、窗交或多边形交　　　　　　D. 窗口选择

6. 使文本呈现"度"符号的特殊字符串是 [ ]
A. #D B. ##C
C. %%D D. %%U

7. 下列哪个命令可以以矩形或圆形方式复制实体 [ ]
A. 复制 B. 阵列
C. 插入 D. 移动

8. 不影响图形显示的图层操作是 [ ]
A. 锁定图层 B. 冻结图层
C. 打开图层 D. 关闭图层

9. 分解一个图案填充,图案分解为 [ ]
A. 块 B. 直线和圆弧
C. 多段线 D. 直线

10. 尺寸线与所有标注的线段平行,且处于倾斜位置,这种标注是 [ ]
A. 线性标注 B. 对齐标注
C. 连续标注 D. 基线标注

11. 如图 2-201 所示,图中 L 为 [ ]
A. 40 B. 25
C. 50 D. 30

12. 单击"菜单浏览器"按钮,在弹出的菜单中选择"插入"→"块"命令,可以 [ ]
A. 创建块实体
B. 插入任何图形文件
C. 存储块实体
D. 重新定义块实体的插入点

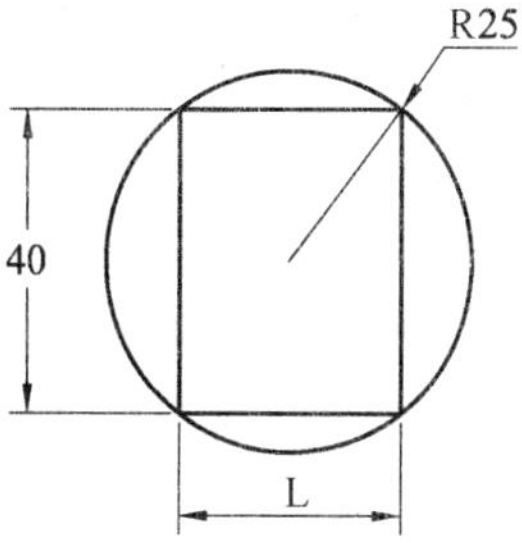

图 2-201　练习求 L 长度

13. 所谓用"内接于圆"的方法绘制多边形,是指 [ ]
A. 多边形在圆内,多边形每边的中点在圆上
B. 多边形在圆内,多边形顶点在圆上
C. 多边形在圆外,多边形顶点在圆上
D. 多边形在圆外,多边形每边的中点在圆上

14. 用"直线"命令画出一个矩形,该矩形中有多少个图元实体 [ ]
A. 1 个 B. 4 个 C. 不一定 D. 5 个

15. 如图 2-202 所示,栅格间距为 1 个单位,图形中 C 点到 D 点的极坐标是 [ ]
A. @1.00<360
B. @1.00<270
C. @1.00<180
D. @1.00<90

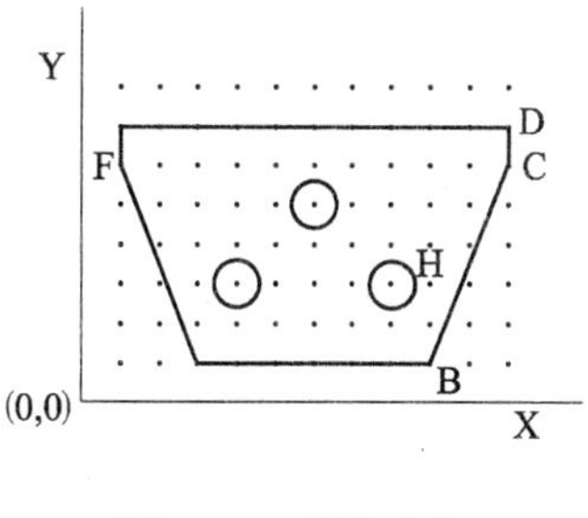

16. 在执行"偏移"命令时,必须先设置 [ ]
A. 比例 B. 圆

图 2-202　求极坐标

C. 距离 D. 角度

17. 如果一张图纸的左下角点为(10,10),右上角点为(100,80),那么该图纸的图限范围为 [ ]
   A. 100×80 B. 70×80
   C. 90×70 D. 10×10

18. 关于"CHAMFER"和"FILLET"命令,下列说法正确的是 [ ]
   A. "FILLET"命令用于将两个非平行对象倒角
   B. "CHAMFER"命令用于圆角
   C. 如果倒角距离为0,会使两个对象相交
   D. 可以一次给一个矩形或多段线进行倒角或圆角操作

19. 如图2-203所示,由左图到右图的变化,采用什么方式操作,可以快速实现 [ ]
   A. 复制 B. 镜像
   C. 偏移 D. 阵列

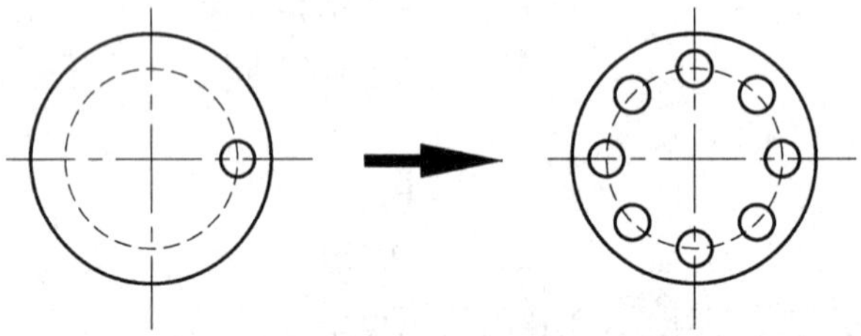

图2-203 判断"编辑"方式

20. 下列所有尺寸标注公用一条尺寸界限的是 [ ]
   A. 基线标注 B. 引线标注
   C. 连续标注 D. 公差标注

21. 在等分圆时,等分点插入默认的是按照下列什么方向进行的 [ ]
   A. 顺时针方向 B. 逆时针方向
   C. 水平方向 D. 以上都不是

22. 下列哪一个选项可以将块生成图形文件 [ ]
   A. SAVE B. EXPLODE
   C. BLOCK D. WBLOCK

23. 要始终保持图形元素与图层的颜色一致,图元的颜色应设置为 [ ]
   A. 随层 B. 随块
   C. 颜色 D. 红色

24. 用"文本"命令书写直径符号时应使用 [ ]
   A. %%D B. %%P
   C. %%C D. %%O

25. 当使用"直线"命令封闭多边形时,最快的方法是 [ ]
   A. 输入"C"并按回车键 B. 输入"B"并按回车键
   C. 输入"PLOT"并按回车键 D. 输入"DRAW"并按回车键

26. 在执行"圆环"命令时,希望所画的图元内部填充,必须设置 [ ]

A. FILL 为 ON B. FILL 为 OFF
C. FILL 值为 0 D. FILL 值为 1

27. 首次执行"圆角"命令时,必须先 [　]
A. 选择对象 B. 设置圆角半径
C. 设置修剪距离 D. 设置角度

28. 图块中"0"层实体插入到当前层,如果当前层的颜色为红色,则插入后的实体颜色为 [　]
A. 红色 B. 白色
C. 不确定 D. 和"0"层中图块设置的颜色保持一致

29. 下列对"0"层的描述正确的是 [　]
A. 是每个绘图文件中必须有的
B. 不能被删除,也不能被重命名
C. 它总是用实线绘制位于其上且线型为 BYLAYER 的图元
D. 是 AutoCAD 自动建立的

30. 在选择对象操作中,想选择最近编辑过的物体,应键入 [　]
A. W B. P
C. L D. ALL

31. CP 是哪个命令的热键名 [　]
A. CIRLCE B. COPY
C. CHAMFER D. SPLINEDIT

32. 用什么命令可以设置图形界限
A. SCALE B. EXTEND
C. LIMITS D. LAYER

33. 在执行 SOLID 命令后,希望所画的图元内部填充,必须设置 [　]
A. FILL 为 ON B. FILL 为 OFF
C. LTSCALE D. COLOR

34. 用 PLINE 命令画出一矩形,该矩形中有多少个图元实体
A. 1 个 B. 4 个
C. 不一定 D. 5 个

35. 旋转二维物体需用的命令是 [　]
A. RETURN B. RECTANG
C. ROTATE D. REDRAW

36. 当用 DASHED 线型画线时,发现所画的线看上去像实线,这时设置线型的比例因子应该用 [　]
A. LINETYPE B. LTYPE
C. FACTOR D. LTSCALE

37. 在执行了 WBLOCK 命令后,物体消失,用什么命令可恢复被删的物体,又不至于让刚才使用的 WBLOCK 命令失效 [　]
A. UNDO(撤消) B. REDO(重做)

C. ERASE（删除） D. OOPS（删除取消）

38. 修剪物体需用的命令是 [ ]
   A. TRIM B. EXTEND
   C. STRETCH D. CHAMFER

39. 在执行倒角命令时，应先设置 [ ]
   A. 圆弧半径 R B. 距离 D
   C. 角度值 D. 内部块 BLOCK

40. 如图 2-204 所示，要通过左图阵列出右图，关于阵列类型及设置方法正确的是 [ ]
   A. 环形阵列，阵列数目是 6，填充角度 360°
   B. 矩形阵列，阵列数目是 6，填充角度 360°
   C. 环形阵列，阵列数目是 6，填充角度 300°
   D. 矩形阵列，阵列数目是 6，填充角度 300°

41. 下列选项中，不属于夹点编辑中的命令的是 [ ]
   A. 镜像 B. 旋转
   C. 偏移 D. 拉伸

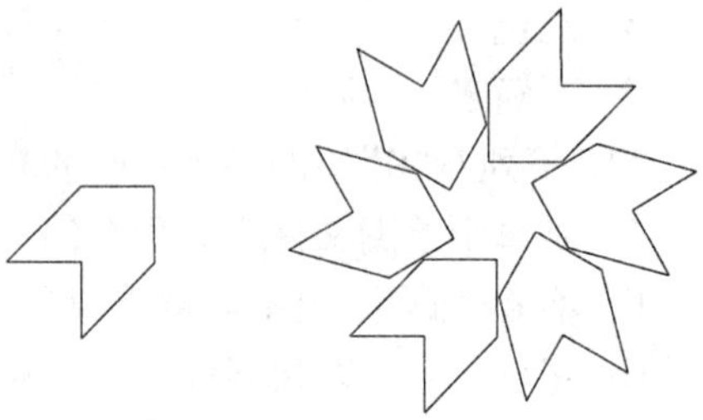

图 2-204　阵列设置

42. 画一个与原图形状和大小一样的图形，可用什么编辑命令完成 [ ]
   A. 复制 B. 移动
   C. 镜像 D. 旋转

二、判断题

1. 在 AutoCAD 系统中，任意三点可以画一个圆。（　　）

2. 在 AutoCAD 系统中，ZOOM 命令可以改变图形的实际大小。（　　）

3. 在 AutoCAD 系统中，网格线是绘图的辅助线，将来可能出现在输出的图纸上。（　　）

4. 在 AutoCAD 系统中，图形编辑使用窗口（Window）方式来选目标时，可选择窗口中出现的所有图素目标。（　　）

5. 在 AutoCAD 系统中，使用 TRIM 命令时，被选取的实体可以作为修剪的目标，但不能同时当做切割边。（　　）

6. 图层被锁定后，其上的实体既不能编辑，又不可见。（　　）

7. 在 AutoCAD 系统中，MIRROR 命令可以绘出对称的图形，但原图不再保留。（　　）

8. 在 AutoCAD 系统中，在对图形进行拉伸时，原图形的大小和形状不一定都发生变化。（　　）

9. 在 AutoCAD 中，LIMITS 命令可设定图形范围的大小，即屏幕显示的最大区域。（　　）

10. 在 AutoCAD 中，BREAK 命令可将用 LINE、CIRCLE、ARC 等命令绘制的一个实体一分为两个实体。（　　）

三、上机操作题

1. 绘制如图 2-205 ~ 209 所示的平面图形。

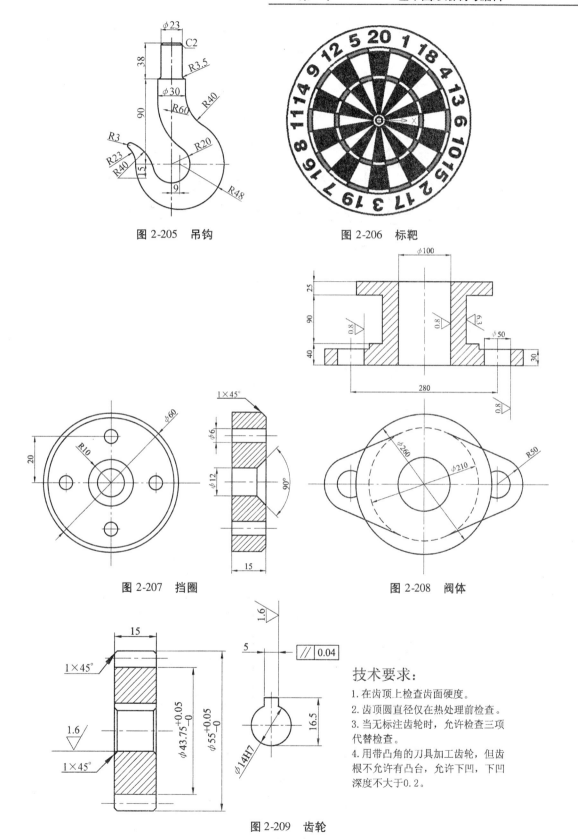

图 2-205 吊钩

图 2-206 标靶

图 2-207 挡圈

图 2-208 阀体

技术要求：
1. 在齿顶上检查齿面硬度。
2. 齿顶圆直径仅在热处理前检查。
3. 当无标注齿轮时，允许检查三项代替检查。
4. 用带凸角的刀具加工齿轮，但齿根不允许有凸台，允许下凹，下凹深度不大于0.2。

图 2-209 齿轮

2. 根据平面视图 2-210(a)~(d)所示的尺寸标注,完成各图三维建模任务。

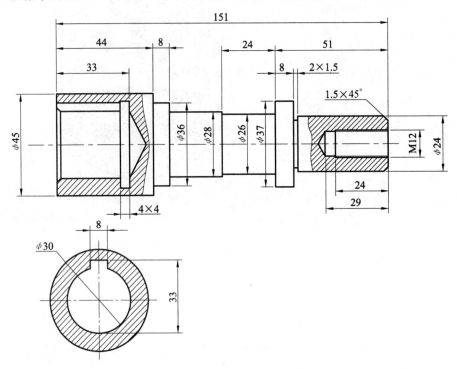

(a) 轴

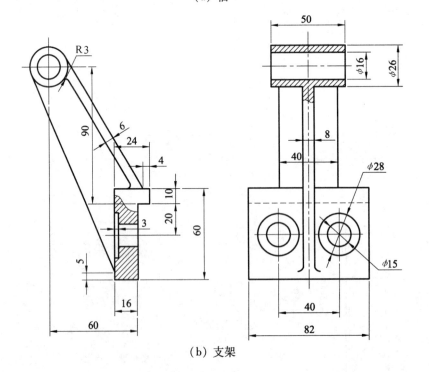

(b) 支架

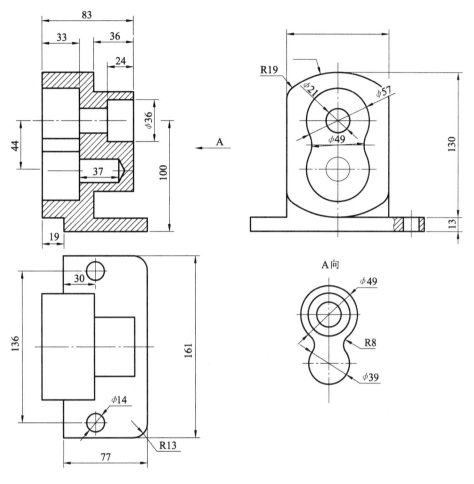

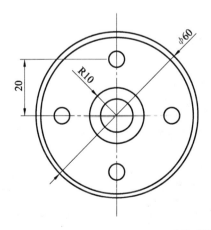

（c）箱体

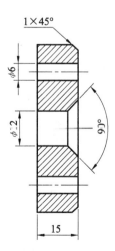

（d）挡圈

图 2-210 三维建模

第三章
AutoCAD 综合应用

【学习目标】

通过对本综合项目的学习与操作，读者会进一步提高识读机械图形的能力，在熟练应用常用的 AutoCAD 绘图命令的前提下，达到综合应用计算机绘图的目标。同时，通过对本综合项目的学习，读者能够加深对规范化制图要求的理解，提高读者对企业聘用计算机制图人员时应具备较强识图、绘图能力的认识。

【综合项目简介】

如图 3-1 所示为齿轮油泵三维装配图，包含的零件种类较多，作为学习素材，具有一定的代表性。

根据如图 3-2(a)~(f) 所示齿轮油泵典型零件结构的不同，该综合项目被分解成六个子项目。读者完成各子项目的学习和操作任务后，可以利用计算机独立完成对轴、齿轮、箱体、套筒、盖等机械类零件的绘制。

图 3-1　齿轮油泵三维装配图

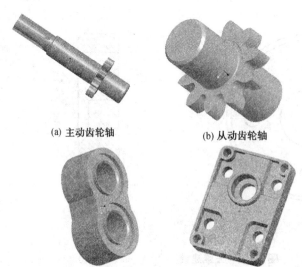

(a) 主动齿轮轴　　(b) 从动齿轮轴　　(c) 被剖切的壳体

(d) 轴套　　(e) 前盖　　(f) 后盖

图 3-2　齿轮油泵典型零件结构

如图 3-3 所示为齿轮油泵平面装配图。对于平面装配图,这里不作为独立项目介绍其画法,在完成各子项目后,可以利用"插入"→"块"命令将零件图按照装配图零件装配关系一一插入,然后主要通过"修剪"命令整理图形;也可以通过"复制"命令来操作。

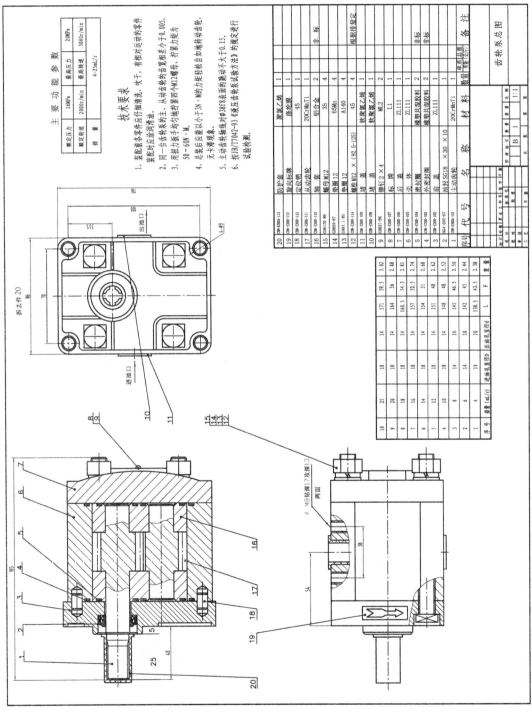

图 3-3 齿轮油泵平面装配图

项目一　从动齿轮轴的绘制

▶项目内容

完成如图 3-4 所示的图形。从动齿轮轴是齿轮泵中的重要传动零件,其结构具备了轴类零件与盘盖类零件的双重特点。通过本项目的学习,读者除了掌握绘制从动齿轮轴的一

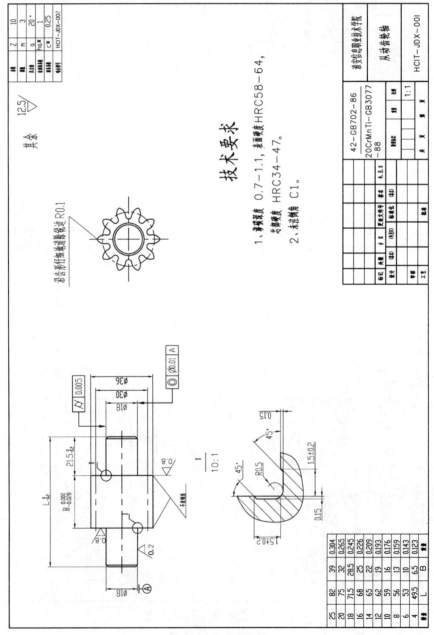

图 3-4　从动齿轮轴

般方法与技巧外,还应该注意齿轮齿形的绘制方法。

▶**作图步骤**

① 启动 AutoCAD 2009,打开 A3 样板文件,另存为"从动齿轮轴.dwg",修改样板文件标题栏中的零件名称等相关参数,要保证文字落在对应的"文本"图层上。

② 首先绘制与填写图纸左下角与右上角的零件参数表格,如图 3-5 所示。表格可以采用"绘图"→"表格"命令来完成,也可以用"直线"、"偏移"并结合"单行文字"命令来完成表格的绘制,这是比较传统的画法。做好这些,为零件图形在图纸中合理布局做准备。

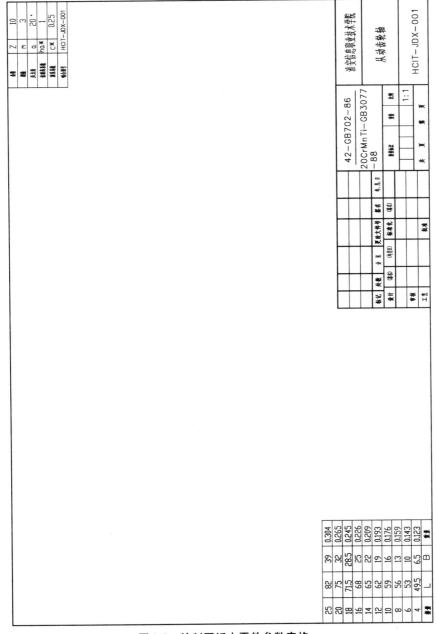

图 3-5　绘制图纸中零件参数表格

③ 设置当前图层为"点画线",利用"直线"命令绘制零件中心对称线。此时,注意齿轮分度圆也是使用点画线来进行表达的,如图 3-6 所示。

注意:在确定中心线放置的位置时,要考虑图形的整体尺寸,从而保证图形中心位置的合理性。

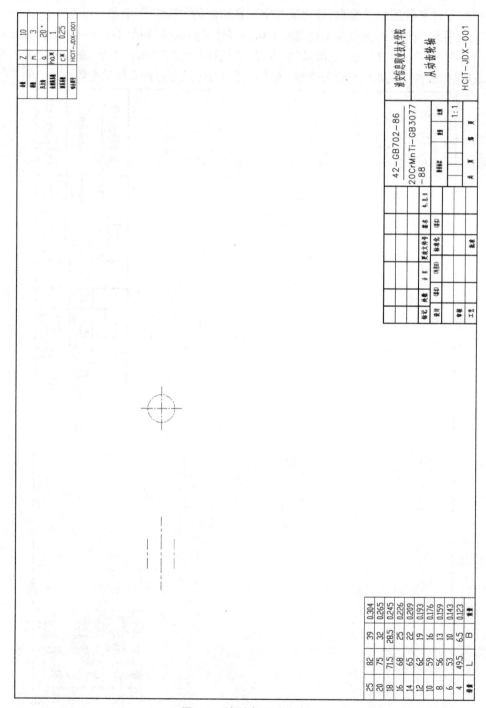

图 3-6　绘制中心对称线

④ 切换到"粗实线"图层,利用"直线"命令绘制从动齿轮轴主视图的轮廓线,如图 3-7 所示,并利用"倒角"命令对图示倒角结构进行倒角。倒角距离设置两条边均为 1 mm。在绘制该图形时,可以借助"偏移"、"直线距离输入方式"来提高绘图效率。

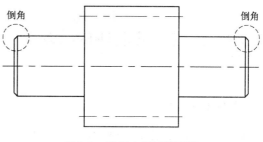

图 3-7　绘制主视图轮廓线

⑤ 仍然在"粗实线"图层上,绘制图形的左视图轮廓线,如图 3-8 所示。左视图轮廓线主要反映的是齿轮的齿形,可按照机械设计教程中齿形的简化画法来作齿形图。建议做好一个齿形轮廓后利用"环形阵列"的方式来完成其他的齿廓。图形中两个粗实线同心圆的绘制可以采用偏移"分度圆",再改变偏移后对象的图层方式来实现。如果采用"圆"命令,利用"圆心、半径"方式来绘制也可,两者绘图效率相差甚微。

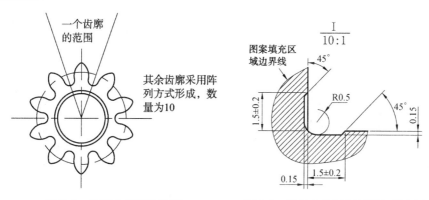

图 3-8　绘制左视图轮廓线　　　图 3-9　从动齿轮轴根部局部放大图

⑥ 绘制图 3-4 从动齿轮轴齿轮根部Ⅰ处的局部放大视图,放大比例为 10∶1,结果如图 3-9 所示。首先在"粗实线"图层上绘制图 3-9 中的轮廓线,然后改变图层为"细实线"图层,绘制图案填充区域的边界线,接着切换到"剖面线"图层上,利用图案填充命令完成剖面线的绘制。在此要注意图案填充时的比例设置,比例大小没有统一的规则。若经验不足,也可以尝试几次设置比例值,查看填充结果,直至满意为止,千万不可马虎,否则将直接影响图形的质量。

⑦ 切换到"文本"图层,在图形中填写技术要求,读者要根据文字大小的有关要求,合理地选择设置好的"文字样式"。同样,切换到"尺寸标注"图层,进行图形尺寸标注前,合理地设置好"尺寸标注样式",以供选择。标注的结果如图 3-4 所示。

⑧ 检查图形,在确认没有问题的情况下,保存图形,然后退出当前的图形,完成此项目。

项目二 主动齿轮轴的绘制

▶项目内容

如图 3-10 所示的主动齿轮轴图形，也是该齿轮油泵中的一个重要传动零件，与从动齿

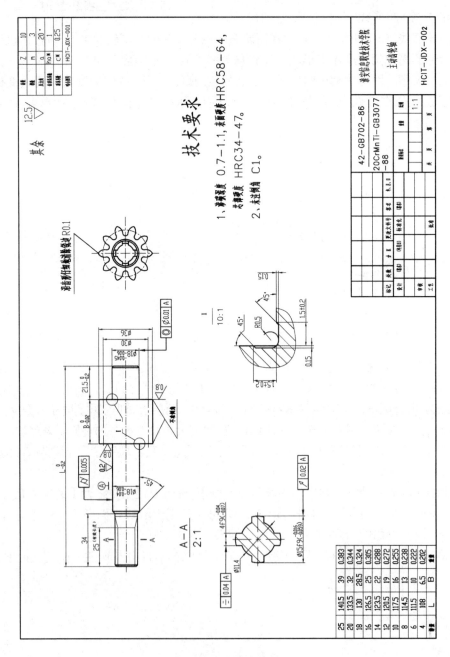

图 3-10 主动齿轮轴

轮间构成一对啮合齿轮,完成传动运动,其结构具备了轴类零件的特点,同时在其末端又具有一处花键结构。通过本项目的学习,读者除了掌握绘制主动齿轮轴的一般方法与技巧外,还应该注意花键结构的绘制方法。

▶作图步骤

① 启动 AutoCAD 2009,打开 A3 样板文件,另存为"主动齿轮轴.dwg",修改样板文件标题栏中的零件名称等相关参数,要保证文字落在对应的"文本"图层上。

② 首先绘制与填写图纸左下角与右上角的零件参数表格,如图 3-11 所示。表格可以采用"绘图"→"表格"命令来完成。做好这些,同样为零件图形在图纸中合理布局做准备。如果用户利用项目一中步骤①、②完成的结果,则只要稍加修改即可。

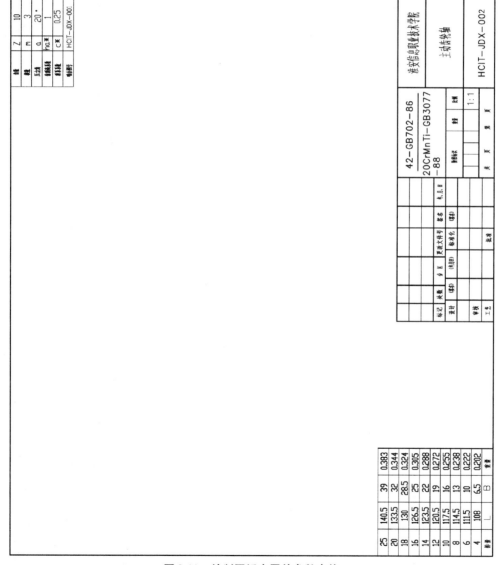

图 3-11 绘制图纸中零件参数表格

③ 设置当前图层为"点画线",利用"直线"命令绘制零件中心对称线,此时,注意齿轮分度圆也是使用点画线来进行表达的,如图 3-12 所示。读者在确定中心线放置的位置时,同样要考虑到图形的整体布局。

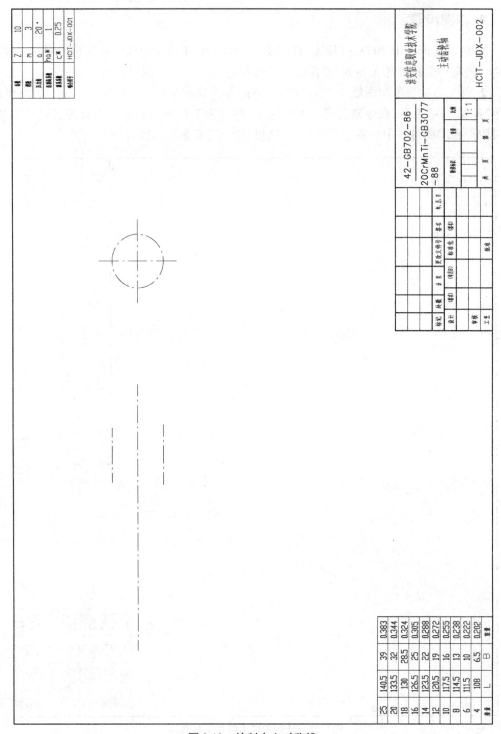

图 3-12　绘制中心对称线

④ 切换到"粗实线"图层,利用"直线"命令绘制主动齿轮轴主视图的轮廓线,如图3-13所示,并利用"倒角"命令对图示倒角结构进行倒角。倒角距离设置两条边均为 1 mm。然后切换到"细实线"图层,利用"直线"命令绘制主动齿轮轴左端花键结构。在绘制该图形时,可以借助"偏移"、"直线距离输入方式"、"对象捕捉"等命令来提高绘图效率。

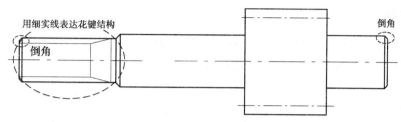

图 3-13　绘制主视图轮廓线

⑤ 仍然在"粗实线"图层上,绘制图形的左视图,如图 3-14 所示。左视图轮廓线主要反映的是齿轮的齿形与花键的结构,可参照从动齿轮轴中绘制齿形的方法绘制主动齿轮轴的齿形图。花键的结构亦可以利用"环形阵列"的方法进行绘制。阵列的数目为 4,阵列的中心为两中心线的交点。

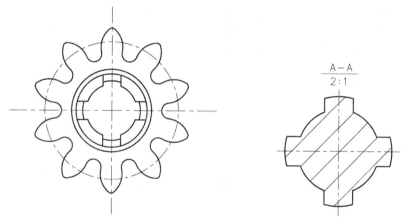

图 3-14　绘制左视图轮廓线　　　图 3-15　主动齿轮轴花键结构断面图

⑥ 参照绘制从动齿轮轴中创建局部放大图的方法绘制图 3-10 所示主动齿轮轴齿轮根部 I 处的局部放大视图,放大比例为 10:1。为了能够更好地表达花键结构,绘制图3-10所示主动齿轮轴左端 A - A 移出断面图,同时要注意其放大比例为 2:1,结果如图 3-15 所示。首先切换到"中心线"图层,绘制两正交的中心线,然后切换到"粗实线"图层,以 1:1 的比例绘制花键中的一个花键,再利用"环形阵列"得到另外的花键,填充完剖面线后将图形利用"缩放"命令放大 2 倍。

⑦ 切换到"文本"图层,在图形中填写技术要求,读者要根据文字大小的有关要求,合理地选择设置好的"文字样式"。同样,切换到"尺寸标注"图层,进行图形尺寸标注前,合理地设置好"尺寸标注样式",以供选择。标注的结果如图 3-10 所示。

⑧ 保存图形,然后退出当前的图形,完成此项目。

项目三 壳体的绘制

▶**项目内容**

如图 3-16 所示的壳体,其结构相对前面轴类零件较为复杂,包含的图素也较多,图形表达的方式除常见的主视图和左视图外,还包含有局部视图和局部剖视图。因此,读者通过此

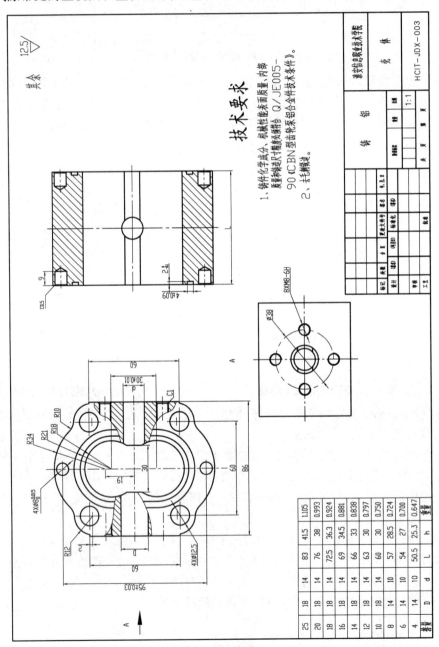

图 3-16 壳体

项目的学习与练习,不仅应该掌握机械制图中箱体类零件的一般作图规则,还应该实现如何通过计算机工具运用 AutoCAD 命令达到快速作图的目的。

▶**作图步骤**

① 启动 AutoCAD 2009,打开 A3 样板文件,另存为"壳体.dwg"。修改样板文件标题栏中的零件名称等相关参数,要保证文字落在对应的"文本"图层上。

② 根据图 3-16 进行分析,首先利用"表格"命令绘制图纸左下角的参数表,用户当然也可以用"直线"、"偏移"并结合"单行文字"命令来完成表格的绘制。然后,选择"点画线"图层,利用"直线"命令,绘制如图 3-17 所示的一些对称线。

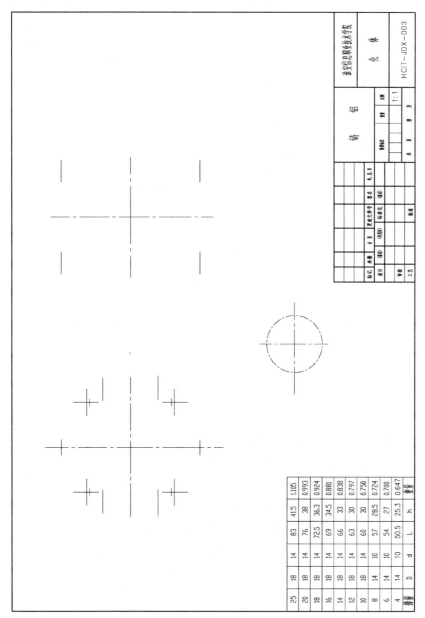

图 3-17　绘制图纸表格及中心线

③ 根据图 3-16 中所示的尺寸,绘制壳体零件主视图和左视图的外轮廓及部分孔的形状,如图 3-18 所示。该过程中的图形结构的绘制,可以运用"直线"、"圆"、"修剪"命令来完成。

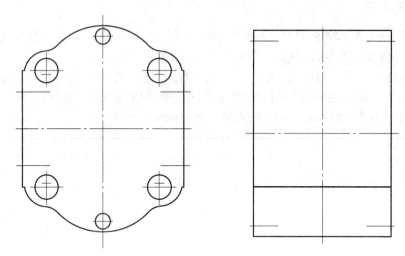

图 3-18　绘制主视图和左视图中壳体外轮廓及孔

④ 绘制主视图中密封圈凹槽及壳体内腔部分线条,并完成左视图对应的视图结构,再完成主视图中定位销孔对应的左视图中的结构,最后填充左视图剖面线,结果如图3-19所示。该过程中,主要运用"直线"、"圆"、"修剪"、"偏移"、"图案填充"等命令。填充时要注意图案比例的设置,和下一步骤提到的局部剖视图中剖面图案比例尽量有点差别,并要求剖面线放置在"剖面线"图层上。

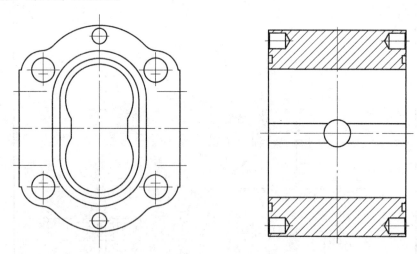

图 3-19　绘制壳体零件销钉孔及密封圈凹槽结构

⑤ 绘制壳体零件进、出油口以及其周围螺栓孔的详细结构,采用局部剖视图及局部视图来进行表达,如图 3-20 所示。在绘制该部分结构时,可以运用"直线"、"样条曲线"、"多段线"、"修剪"、"图案填充"、"单行文字"等命令。在绘制对象时,要注意图层的对应关系。

第三章 AutoCAD 综合应用 141

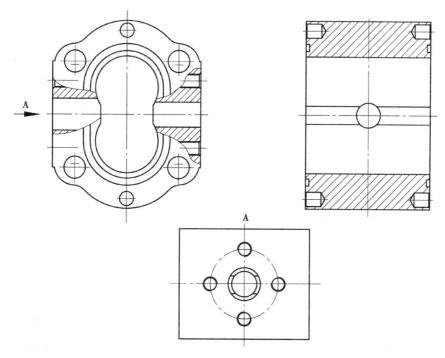

图 3-20 壳体零件进、出油口及其周围螺栓孔的绘制

⑥ 在"尺寸标注"和"文本"图层分别完成尺寸和文本标注,需要注意的是要正确选择文字样式和设置合理的尺寸样式。

⑦ 检查图形无误后,保存文件,关闭图形。

项目四 轴套的绘制

▶项目内容

如图 3-21 所示的轴套零件图形,与前面的零件相比,结构相对简单,整个图形采用了主视图、左视图和右视图来进行表达。本项目还是要求掌握绘制零件图的一般作图方法与技巧,对于左、右视图的相同结构的画法,可以利用"复制"操作提高作图效率。

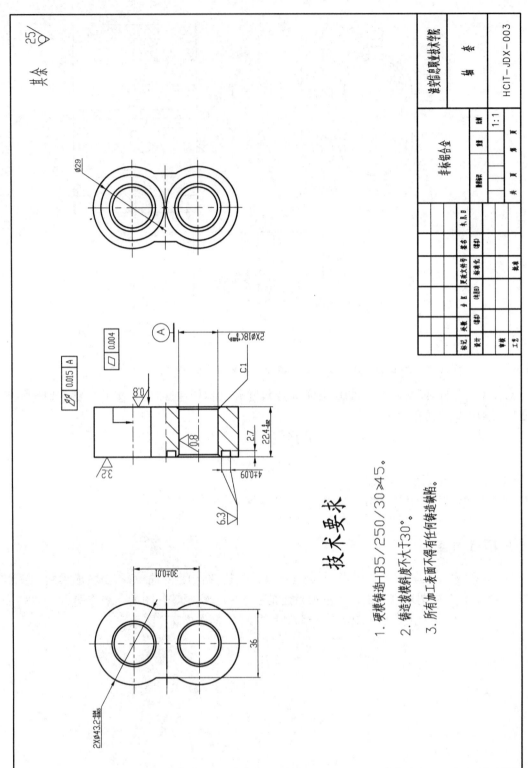

图 3-21 轴套

▶**作图步骤**

① 启动 AutoCAD 2009，打开 A3 样板文件，另存为"轴套.dwg"，修改样板文件标题栏中的零件名称等相关参数，要保证文字落在对应的"文本"图层上。

② 设置当前图层为"点画线"，利用"直线"命令绘制零件中心对称线，此时，三个视图的中心线一起表达，便于保证视图的对应关系，如图 3-22 所示。

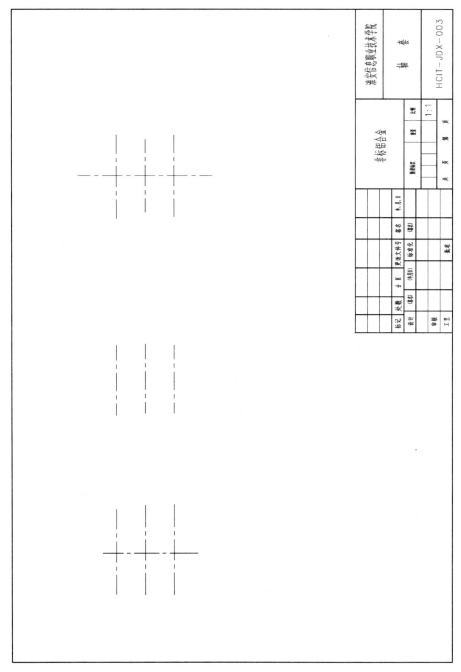

图 3-22　绘制中心对称线

③ 切换到"粗实线"图层,利用"圆"命令绘制轴套右视图的 φ43.2 圆的轮廓线,利用"镜像"命令得到另一个 φ43.2 圆,然后利用"偏移"命令,将竖直的对称线左右分别偏移距离18,得到距离为 36 的两条竖直直线,然后修改这两条直线(点画线)的图层为"粗实线"图层,接下来利用"修剪"命令得到右视图完整轮廓线。将距离为 30 的两条竖直直线修改为粗实线,因为左视图与右视图的外轮廓线相同,所以可以复制右视图轮廓线到左视图位置。利用"直线"命令结合"对象捕捉"与"对象追踪"绘制主视图,如图 3-23 所示。

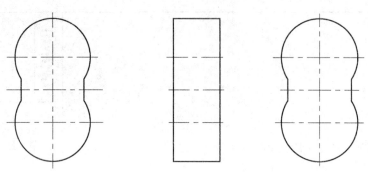

图 3-23　绘制轴套轮廓线

④ 继续在"粗实线"图层上绘制轴套零件的内部轮廓线,如图 3-24 所示。右视图轮廓线主要反映的是带有 C1 倒角的 φ18 的两组同心圆,可利用"偏移"、"复制"命令,也可以直接利用"圆"命令来绘制,但绘图速度稍微慢点。主视图利用半剖视图的方法能够将左视图中油封结构未表达清楚的部分表达出来。左视图中的内部圆可以先复制右视图中刚画的同心圆,再采用"偏移"命令来绘制最外的同心圆,这样可以提高绘图效率。

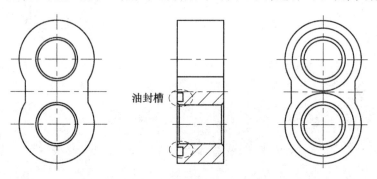

图 3-24　绘制壳体内部轮廓线

⑤ 切换到"文本"图层,在图形中填写技术要求,要根据文字大小的有关要求,合理地选择设置好的"文字样式"。同样,切换到"尺寸标注"图层,进行图形尺寸标注前,要合理地设置好"尺寸标注样式",以供选择。标注的结果如图 3-21 所示。

⑥ 检查图形,保存图形,退出当前的图形,完成此项目。

第三章 AutoCAD 综合应用

项目五 前盖的绘制

▶项目内容

如图 3-25 所示的前盖,零件结构比较复杂,涉及的孔结构也比较多,为了表达清楚内部结构,俯视图和左视图都采用了全剖视方式进行表达。

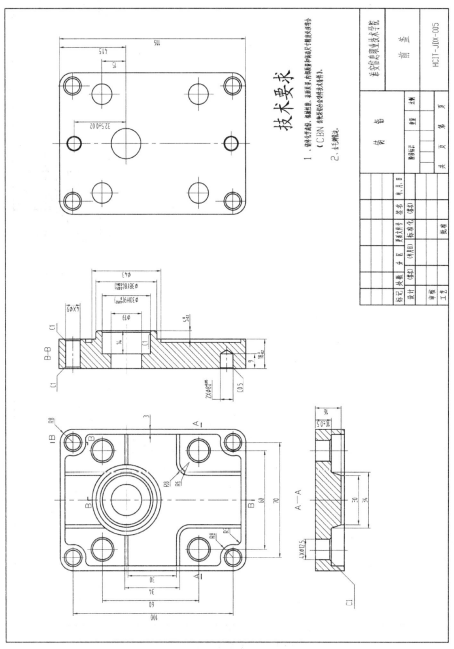

图 3-25 前盖

▶**作图步骤**

① 启动 AutoCAD 2009，打开 A3 样板文件，另存为"前盖.dwg"，修改样板文件标题栏中的零件名称等相关参数。

② 绘制中心线，选择"中心线"图层，利用"直线"命令绘制对称线。图形总体布局要合理，绘制结果如图 3-26 所示。

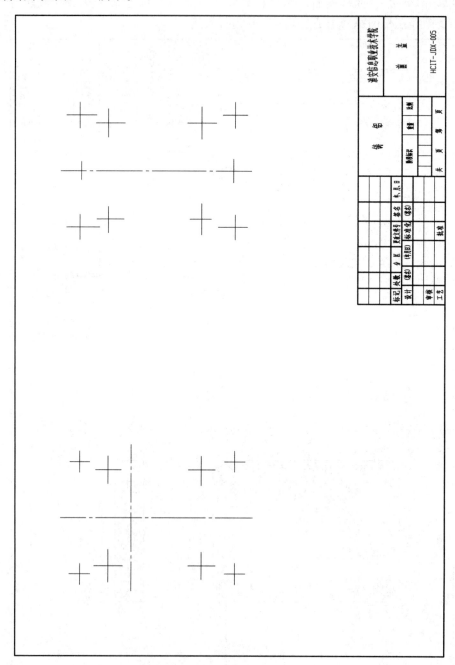

图 3-26　绘制中心对称线

③ 根据图中尺寸绘制前盖的外轮廓及部分孔的形状,如图 3-27 所示。绘制该图形结构,主要运用"直线"、"圆"、"修剪"、"倒角"等命令来完成。

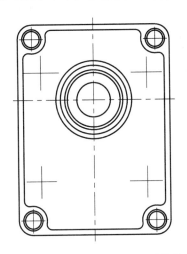 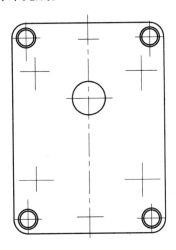

图 3-27　绘制前盖主视图和后视图的外轮廓

④ 创建完成前盖主、后视图中其他孔的图形,结果如图 3-28 所示。其中主要运用到"圆"、"复制"、"镜像"等命令,尤其是对称图形使用"镜像"命令可以大大提高绘图效率。

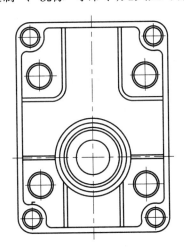 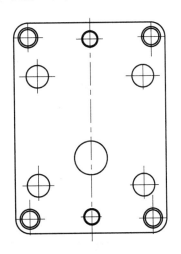

图 3-28　细化前盖结构

⑤ 绘制前盖零件图中的 A - A 剖视图,如图 3-29 所示。该部分结构主要运用"直线"、"镜像"、"倒角"、"图案填充"等命令来实现。

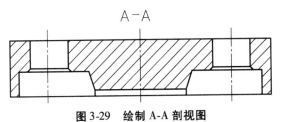

图 3-29　绘制 A-A 剖视图

⑥ 采用步骤⑤中用到的方法,创建 B – B 剖视图,如图 3-30 所示。

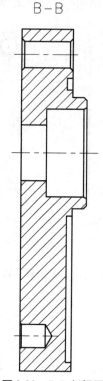

图 3-30　B-B 剖视图

⑦ 在"尺寸标注"图层标注图中尺寸与公差,在"文本"图层上填写技术要求。
⑧ 检查图形,无误后保存文件,退出图形,完成此项目。

项目六　后盖的绘制

▶项目内容

图 3-31 所示的后盖,结构和前盖相似,其绘图过程中所用到的命令和技巧也大致相同,在绘制这个图形时,要注意后盖某些地方的尺寸与前盖的尺寸不一致。在绘制前盖零件后绘制此图形,应该较为熟练,会进一步提高自己利用计算机绘制盘盖类零件的操作能力。

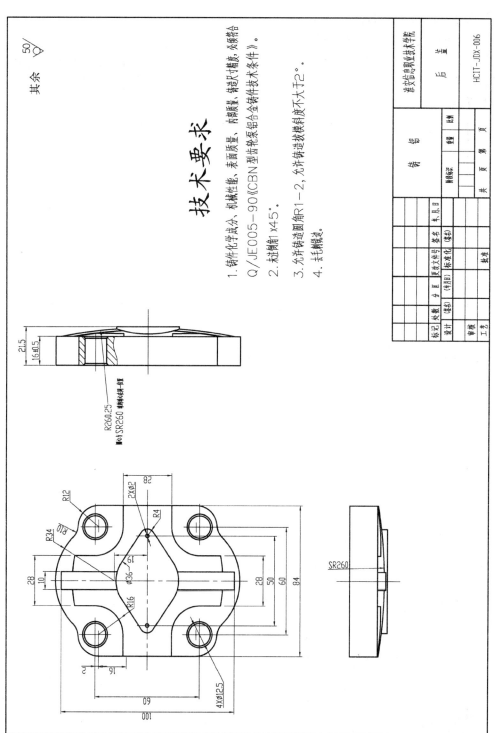

图 3-31 后盖

▶**作图步骤**

① 启动 AutoCAD 2009,打开 A3 样板文件,另存为"后盖.dwg",修改样板文件标题栏中的零件名称等相关参数,保证文字落在对应的"文本"图层上。

② 绘制中心线,选择"CENTER"图层,利用"直线"命令绘制对称线。对照图形中的对称结构的标注尺寸来绘制对称线的长度要合适,图形总体布局要合理。绘制结果如图 3-32 所示。

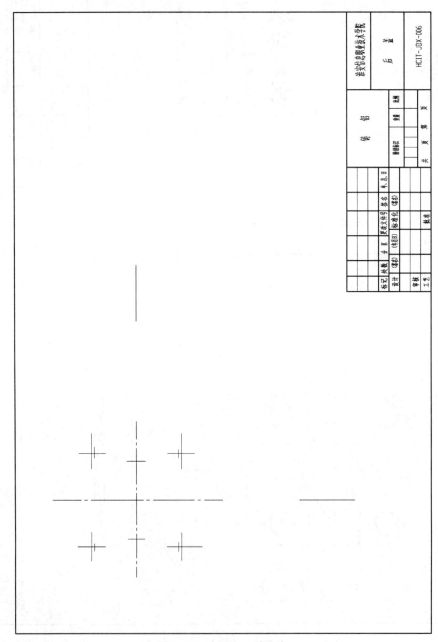

图 3-32 绘制中心对称线

③ 根据图中尺寸绘制后盖的外轮廓及部分孔的形状,如图 3-33 所示。绘制该图形结构,主要运用"直线"、"圆"、"修剪"、"倒角"等命令来完成。

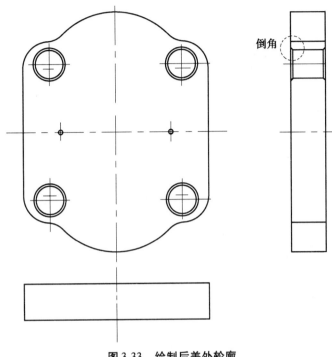

图 3-33　绘制后盖外轮廓

④ 创建螺栓孔的局部剖视图,利用"样条曲线"命令绘制填充边界,利用"图案填充"命令完成剖面线的绘制。结果如图 3-34 所示。

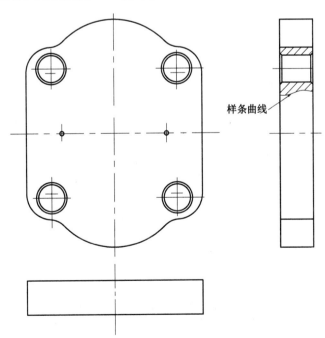

图 3-34　绘制左视图中的局部剖视结构

⑤ 绘制后盖零件中凸台以及安装标牌的结构,如图 3-35 所示。该部分结构主要运用"直线"、"圆"、"偏移"、"修剪"等命令,对于图中某些圆弧过渡结构,也可以用"圆角"命令来实现。

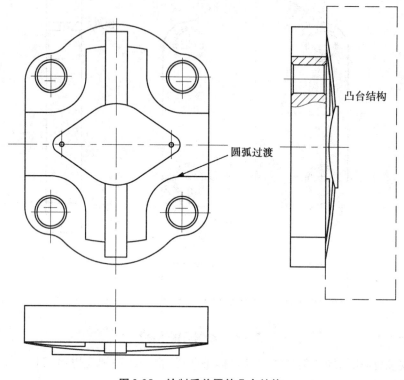

图 3-35　绘制后盖零件凸台结构

⑥ 在"尺寸标注"图层标注图中尺寸与公差,在"文本"图层上填写技术要求。
⑦ 检查图形,无误后保存文件,退出软件,完成此项目。

思考与练习题

一、问答题

1. 在作复杂图形时,常使用"构造线"命令作辅助线,使视图的对应关系更加准确,你自己是如何做到的?

2. 在前面的项目中,提到了多种复制对象的方式,如镜像、阵列、偏移等,但真正的"复制"命令却没有介绍,请你简述"复制"命令的功能及操作方法。

3. 如果要求你绘制综合项目中的装配图,谈谈你的作图思路。

4. AutoCAD 系统中,"拉伸"命令和"延伸"命令是两个实现不同功能的命令,并不常用,但有时在编辑图形时,却能发挥意想不到的效果,请你举例说明。

5. 第三章项目二步骤⑥中提到了"缩放"命令,你是如何理解并应用的,它和"视图缩放"有什么样的区别?

6. 制图标准中要求,标注时尺寸文字被其他图线穿过时,要求断开图线,前面的项目中提到断开的要求,并没有介绍操作方法,你是如何做到的?

7. "分解"命令有何用途? 试举例说明。

8. 在你熟练应用一些绘图与编辑命令后,你应该进一步掌握"设计中心"的操作,请你通过自学拔高的方式,说说应用"设计中心"会给作图带来哪些好处。

二、上机操作题

1. 完成图 3-36 所示的电气工程图(低压配电系统图)的绘制任务。

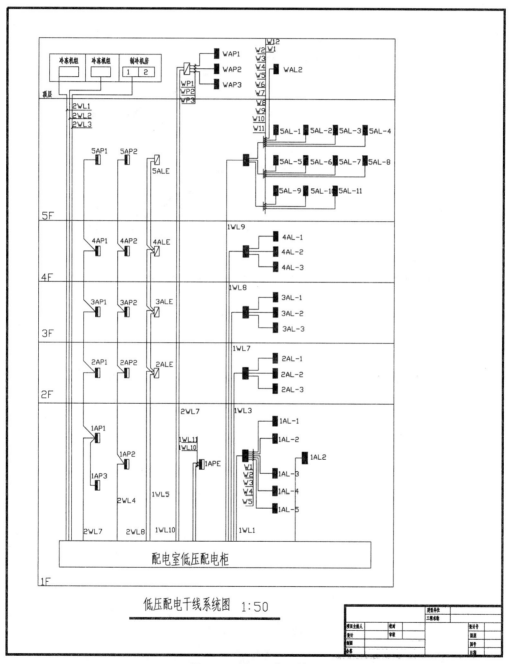

图 3-36　低压配电系统图

2. 完成图 3-37 所示建筑工程图(小楼建筑剖面图)的绘制任务。

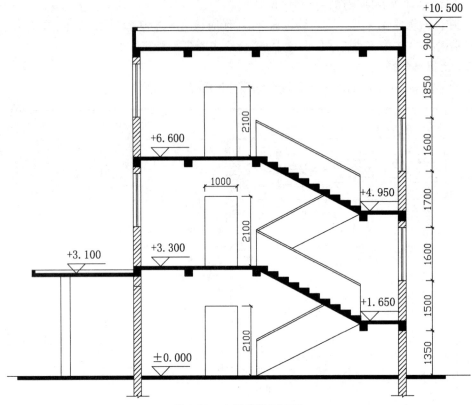

图 3-37　小楼建筑剖面图

3. 完成图 3-38 所示建筑工程图(厨房立面图)的绘制任务。

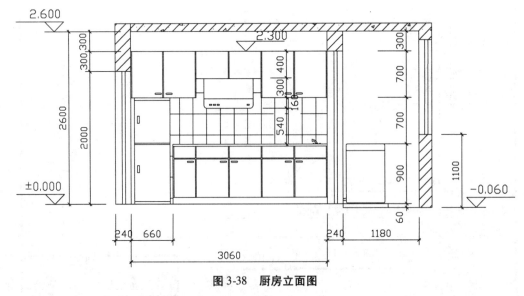

图 3-38　厨房立面图

4. 根据综合项目中提供的六个零件的平面视图,完成各自零件的三维建模。

附录 1
AutoCAD 常用命令及快捷键

一、常用命令汇总

序号	命令（英文）	命令（中文）	缩写	序号	命令（英文）	命令（中文）	缩写
1	ADCENTER	设计中心	ADC	31	DIST	距离	DI
2	MATCHPROP	属性匹配	MA	32	LIST	显示图形数据信息	LI
3	PROPERTIES	修改特性	CH	33	POINT	点	PO
4	STYLE	文字样式	ST	34	LINE	直线	L
5	COLOR	设置颜色	COL	35	XLINE	射线	XL
6	LAYER	图层操作	LA	36	PLINE	多段线	PL
7	LINETYPE	线型	LT	37	MLINE	多线	ML
8	LTSCALE	线型比例	LTS	38	SPLINE	样条曲线	SPL
9	LWEIGHT	线宽	LW	39	POLYGON	正多边形	POL
10	UNITS	图形单位	UN	40	RECTANGLE	矩形	REC
11	ATTDEF	属性定义	ATT	41	CIRCLE	圆	C
12	ATTEDIT	编辑属性	ATE	42	ARC	圆弧	A
13	BOUNDARY	边界创建	BO	43	DONUT	圆环	DO
14	ALIGN	对齐	AL	44	ELLIPSE	椭圆	EL
15	QUIT	退出	EXIT	45	REGION	面域	REG
16	EXPORT	输出其他格式文件	EXP	46	MTEXT	多行文本	MT
17	IMPORT	输入文件	IMP	47	MTEXT	多行文本	T
18	OPTIONS	自定义 CAD 设置	OP	48	BLOCK	块定义	B
19	PLOT	打印		49	INSERT	插入块	I
20	PRINT	打印		50	WBLOCK	定义块文件	W
21	PURGE	清除	PU	51	DIVIDE	等分	DIV
22	REDRAW	重新生成	R	52	BHATCH	填充	H
23	RENAME	重命名	REN	53	COPY	复制	CO
24	SNAP	捕捉栅格	SN	54	MIRROR	镜像	MI
25	DSETTINGS	设置极轴追踪	DS	55	ARRAY	阵列	AR
26	OSNAP	设置捕捉模式	OS	56	OFFSET	偏移	O
27	PREVIEW	打印预览	PRE	57	ROTATE	旋转	RO
28	TOOLBAR	工具栏	TO	58	MOVE	移动	M
29	VIEW	命名视图	V	59	ERASE	删除	E
30	AREA	面积	AA	60	EXPLODE	分解	X

续表

序号	命令（英文）	命令（中文）	缩写	序号	命令（英文）	命令（中文）	缩写
61	TRIM	修剪	TR	76	DIMLINEAR	直线标注	DLI
62	EXTEND	延伸	EX	77	DIMALIGNED	对齐标注	DAL
63	STRETCH	拉伸	S	78	DIMRADIUS	半径标注	DRA
64	LENGTHEN	直线拉长	LEN	79	DIMDIAMETER	直径标注	DDI
65	SCALE	比例缩放	SC	80	DIMANGULAR	角度标注	DAN
66	BREAK	打断	BR	81	DIMCENTER	中心标注	DCE
67	CHAMFER	倒角	CHA	82	DIMORDINATE	点标注	DOR
68	FILLET	倒圆角	F	83	TOLERANCE	标注形位公差	TOL
69	PEDIT	多段线编辑	PE	84	QLEADER	快速引出标注	LE
70	DDEDIT	修改文本	ED	85	DIMBASELINE	基线标注	DBA
71	PAN	平移	P	86	DIMCONTINUE	连续标注	DCO
72		实时缩放	Z+空格	87	DIMSTYLE	标注样式	D
73		局部放大	Z	88	DIMEDIT	编辑标注	DED
74		返回上一视图	Z+P	89	DIMOVERRIDE	替换标注系统变量	DOV
75		显示全图	Z+E				

二、常用[Ctrl]快捷键

序号	组合键及功能
1	【Ctrl】+【1】 * PROPERTIES（修改特性）
2	【Ctrl】+【2】 * ADCENTER（设计中心）
3	【Ctrl】+【O】 * OPEN（打开文件）
4	【Ctrl】+【N】或【M】 * NEW（新建文件）
5	【Ctrl】+【P】 * PRINT（打印文件）
6	【Ctrl】+【S】 * SAVE（保存文件）
7	【Ctrl】+【Z】 * UNDO（放弃）
8	【Ctrl】+【X】 * CUTCLIP（剪切）
9	【Ctrl】+【C】 * COPYCLIP（复制）
10	【Ctrl】+【V】 * PASTECLIP（粘贴）
11	【Ctrl】+【B】 * SNAP（栅格捕捉）
12	【Ctrl】+【F】 * OSNAP（对象捕捉）
13	【Ctrl】+【G】 * GRID（栅格）
14	【Ctrl】+【L】 * ORTHO（正交）
15	【Ctrl】+【W】 *（对象追踪）
16	【Ctrl】+【U】 *（极轴）

三、常用功能键

序号	功能键名称及作用
1	【F1】 * HELP（帮助）
2	【F2】 *（文本窗口）
3	【F3】 * OSNAP（对象捕捉）
4	【F7】 * GRID（栅格）
5	【F8】 * ORTHO（正交）

附录2 CAD制图标准

中华人民共和国国家标准

CAD工程制图规则　　　　　　　　　　　　　　　　GB/T 18229—2000
Rule of CAD engineering drawing

1 范围

本标准规定了用计算机绘制工程图的基本规则。

本标准适用于机械、电气、建筑等领域的工程制图以及相关文件。

2 引用标准

下列标准所包含的条文，通过在本标准中引用而构成本标准的条文。本标准出版时，所示版本均为有效。所有标准都会被修订，使用本标准的各方应探讨使用下列标准最新版本的可能性。

GB/T 10609.1—1989　技术制图　标题栏（neq ISO 7200：1984）
GB/T 10609.2—1989　技术制图　明细栏（neq ISO 7573：1983）
GB/T 13361—1992　技术制图　通用术语
GB/T 13362.4—1992　机械制图用计算机信息交换　常用长仿宋矢量字体、代（符）号
GB/T 13362.5—1992　机械制图用计算机信息交换　常用长仿宋矢量字体、代（符）号
　　　　　　　　　　数据集单线单体字模集及数据集
GB/T 13844—1992　图形信息交换用矢量汉字
GB/T 13845—1992　图形信息交换用矢量汉字　宋体字模集及数据集
GB/T 13846—1992　图形信息交换用矢量汉字　仿宋体字模集及数据集
GB/T 13847—1992　图形信息交换用矢量汉字　楷体字模集及数据集
GB/T 13848—1992　图形信息交换用矢量汉字　黑体字模集及数据集
GB/T 14589—1993　技术制图　图纸幅面和格式（eqv ISO 5457：1980）
GB/T 14580—1993　技术制图　比例（eqv ISO 5455：1979）
GB/T 14891—1993　技术制图　字体（eqv ISO 3098P-1：1974）
GB/T 14892—1993　技术制图　投影法（eqv ISO/DIS 5456：1993）

GB/T 15751—1995　技术产品文件　计算机辅助设计与制图　词汇(eqv ISO/TR 10523：1992)

GB/T 16675.1—1996　技术制图　图样画法的简化表示法

GB/T 16900—1997　图形符号表示规则　总则(eqv ISO/IEC 11714-1：1996)

GB/T 16901.1—1997　图形符号表示规则　产品技术文件用图形符号　第1部分：基本规则(eqv ISO/IEC 11714-1：1996)

GB/T 16902.1—1997　图形符号表示规则　设备用图形符号　第1部分：图形符号的形成(eqv ISO 3461-1：1998)

GB/T 16903.1—1997　图形符号表示规则　标志用图形符号　第1部分：图形标志的形成

GB/T 16675.2—1996　技术制图　尺寸注法的简化表示法

GB/T 17450—1998　技术制图　图线(idt ISO 128-20：1996)

GB/T 17451～17453—1998　技术制图　图样画法(eqv ISO/DIS 11947-1～-4：1996)

3　术语

本标准采用 GB/T 13361 和 GB/T 15751 中的有关术语。

4　CAD 工程制图的基本设置要求

4.1　图纸幅面与格式

用计算机绘制工程图时，其图纸幅面和格式按照 GB/T 14689 的有关规定。

4.1.1　在 CAD 工程制图中所用到的有装订边或无装订边的图纸幅面形式见图 1。基本尺寸见表 1。

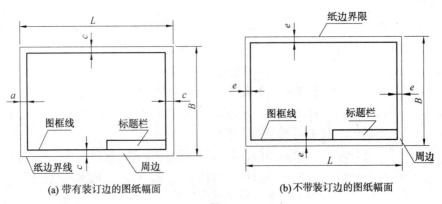

(a) 带有装订边的图纸幅面　　　　(b) 不带装订边的图纸幅面

图 1

表 1

幅面代号	A0	A1	A2	A3	A4
$B \times L$	841×1189	594×841	420×594	297×420	210×297
e	20			10	
c	10			5	
a	25				

注：在 CAD 绘图中对图纸有加长加宽的要求时，应按基本幅面的短边(B)成整数倍增加。

4.1.2　CAD 工程图中可根据需要，设置方向符号见图 2、剪切符号见图 3、米制参考分度见图 4 和对中符号见图 5。

4.1.3 对图形复杂的 CAD 装配图一般应设置图幅分区,其形式见图 5。

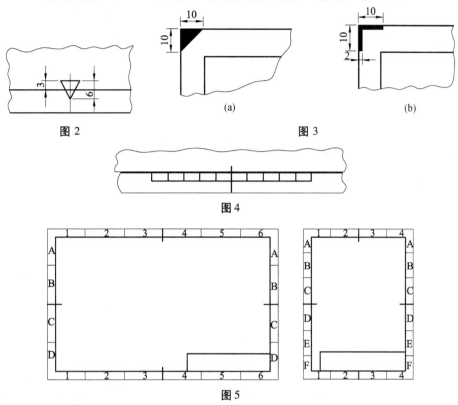

图 2　　　　图 3

图 4

图 5

4.2 比例

用计算机绘制工程图样时的比例大小应按照 GB/T 14690 中的规定。

4.2.1 在 CAD 工程图中需要按比例绘制图形时,按表 2 中规定的系列选用适当的比例。

表 2

种　类	比　　例		
原值比例	1:1		
放大比例	5:1 $5 \times 10^n : 1$	2:1 $2 \times 10^n : 1$	$1 \times 10^n : 1$
缩小比例	1:2 $1 : 2 \times 10^n$	1:5 $1 : 5 \times 10^n$	1:10 $1 : 10 \times 10^n$
注:n 为正整数。			

4.2.2 必要时,也允许选取表 3 中的比例。

表 3

种　类	比　　例				
放大比例	4:1 $4 \times 10^n : 1$	2.5:1 $2.5 \times 10^n : 1$			
缩小比例	1:1.5 $1 : 1.5 \times 10^n$	1:2.5 $1 : 2.5 \times 10^n$	1:3 $1 : 3 \times 10^n$	1:4 $1 : 4 \times 10^n$	1:6 $1 : 6 \times 10^n$
注:n 为正整数。					

4.3 字体

CAD 工程图中所用的字体应按 GB/T 13362.4～13362.5 和 GB/T 14691 的要求,并应做到字体端正、笔画清楚、排列整齐、间隔均匀。

4.3.1 CAD 工程图的字体与图纸幅面之间的大小关系参见表 4。

表 4   mm

图幅 字体	A0	A1	A2	A3	A4
字母数字	3.5				
汉　字	5				

4.3.2 CAD 工程图中字体的最小字(词)距、行距以及间隔线或基准线与书写字体之间的最小距离见表 5。

表 5

字　　体	最 小 距 离	
汉　字	字距	1.5
	行距	2
	间隔线或基准线与汉字的间距	1
拉丁字母、阿拉伯数字、希腊字母、罗马数字	字符	0.5
	词距	1.5
	行距	1
	间隔线或基准线与字母、数字的间距	1

注：当汉字与字母、数字混合使用时,字体的最小字距、行距等应根据汉字的规定使用。

4.3.3 CAD 工程图中的字体选用范围见表 6。

表 6

汉字字型	国家标准号	字体文件名	应 用 范 围
长仿宋体	GB/T 13362.4～13362.5—1992	HZCF.*	图中标注及说明的汉字、标题栏、明细栏等
单线宋体	GB/T 13844—1992	HZDX.*	大标题、小标题、图册封面、目录清单、标题栏中设计单位名称、图样名称、工程名称、地形图等
宋体	GB/T 13845—1992	HZST.*	
仿宋体	GB/T 13846—1992	HZFS.*	
楷体	GB/T 13847—1992	HZKT.*	
黑体	GB/T 13848—1992	HZHT.*	

4.4 图线

CAD 工程图中所用的图线,应遵照 GB/T 17450 中的有关规定。

4.4.1 CAD 工程图中的基本线型见表 7。

表 7

代码	基 本 线 型	名　　称
01	———————	实线
02	— — — —	虚线
03	- - - - - -	间隔画线
04	—·—·—·—	单点长画线
05	—··—··—··	双点长画线

续表

代码	基本线型	名称
06	—··—··—··—··—··—	三点长画线
07	················	点线
08	— - — - — - — -	长画短画线
09	— ·· — ·· — ·· —	长画双点画线
10	— · — · — · — ·	点画线
11	— · · — · · — · · —	单点双画线
12	— ·· — ·· — ·· —	双点画线
13	- ·· - ·· - ·· - ·· -	双点双画线
14	— ··· — ··· — ··· —	三点画线
15	- ··· - ··· - ··· -	三点双画线

4.4.2 基本线型的变形见表8。

表8

基本线型的变形	名称
 ～～～～～	规则波浪连续线
 ℓℓℓℓℓℓ	规则螺旋连续线
 ∧∧∧∧∧	规则锯齿连续线
 ～～	波浪线

注：本表仅包括表7中 No.01 基本线型的类型，No.02~15 可用同样方法的变形表示。

4.4.3 基本图线的颜色。

屏幕上的图线一般应按表9中提供的颜色显示，相同类型的图线应采用同样的颜色。

表9

图线类型		屏幕上的颜色
粗实线	——	白色
细实线	——	绿色
波浪线	～～	绿色
双折线	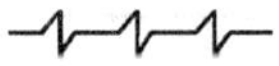 —⋏—	绿色
虚线	- - - - -	黄色
细点画线	— · — ·	红色
粗点画线	— · — ·	棕色
双点画线	— ·· — ··	粉红色

4.5 剖面符号

CAD 工程图中剖切面的剖面区域的表示见表10。

4.6 标题栏

CAD 工程图中的标题栏，应遵守 GB/T 10609.1 中的有关规定。

4.6.1　每张 CAD 工程图均应配置标题栏,并应配置在图框的右下角。

4.6.2　标题栏一般由更改区、签字区、其他区、名称及代号区组成,见图 6。CAD 工程图中标题栏的格式见图 7。

4.7　明细栏

CAD 工程图中的明细栏应遵守 GB/T 10609.2 中的有关规定,CAD 工程图中的装配图上一般应配置明细栏。

4.7.1　明细栏一般配置在装配图中标题栏的上方,按由下而上的顺序填写,见图 8。

4.7.2　装配图中不能在标题栏的上方配置明细栏时,可作为装配图的续页按 A4 幅面单独绘出,其顺序应是由上而下延伸的。

表 10

剖面区域的式样	名　称	剖面区域的式样	名　称
	金属材料/普通砖		非金属材料（除普通砖外）
	固体材料		混凝土
	液体材料		木质件
	气体材料		透明材料

图 6

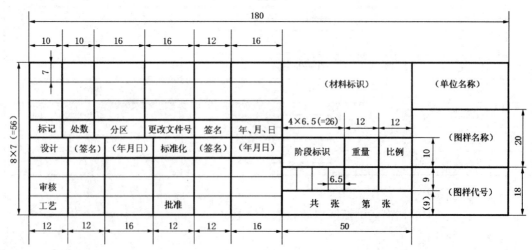

图 7

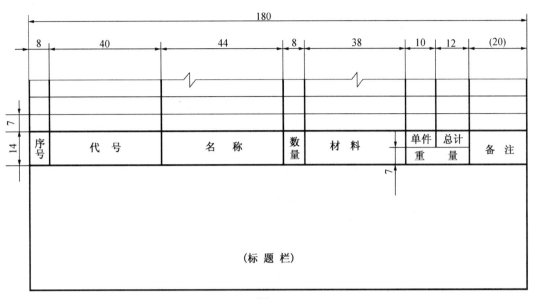

图 8

5 投影法

5.1 正投影法

5.1.1 正投影的基本方法。

CAD工程图中表示一个物体可有六个基本投影方向,相应的六个基本的投影平面分别垂直于六个基本投影方向,通过投影所得到的视图及名称见表11。物体在基本投影面上的投影称为基本视图。

表 11

投影方向		视图名称
方向代号	方向	
a	自前方投影	主视图或正立面图
b	自上方投影	俯视图或平面图
c	自左方投影	左视图或左侧立面图
d	自右方投影	右视图或右侧立面图
e	自下方投影	仰视图或底面图
f	自后方投影	后视图或背立面图

5.1.2 第一角画法。

将物体置于第一分角内,即物体处于观察者与投影面之间进行投影,然后按规定展开投影面,见图9;各视图之间的配置关系见图10;第一角画法的说明符号见图11。

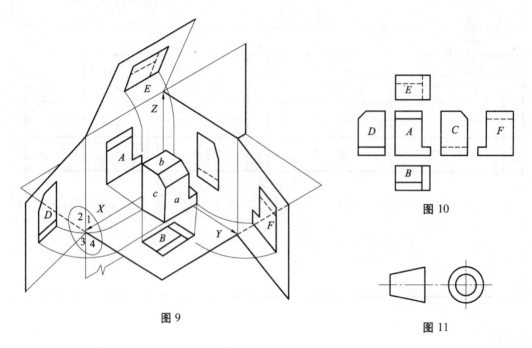

图 9   图 10   图 11

5.2 轴侧投影

轴侧投影是将物体连同其参考直角坐标系,沿不平行于任一坐标面的方向,用平行投影法将其投射在单一投影面上所得的具有立体感的图形。常用的轴侧投影见表12。

表 12

		正轴侧投影			斜轴侧投影		
特性		投影线与轴侧投影面垂直			投影线与轴侧投影面倾斜		
轴侧类型		等侧投影	二侧投影	三侧投影	等侧投影	二侧投影	三侧投影
简称		正等侧	正二侧	正三测	斜等测	斜二测	斜三测
应用举例	伸缩系数	$p_1=q_1=r_1=0.82$	$p_1=r_1=0.94$ $q_1=\dfrac{p_1}{2}=0.47$	视具体要求选用	视具体要求选用	$p_1=r_1=1$ $q_1=0.5$	视具体要求选用
	简化系数	$p=q=r=1$	$p=r=1$ $q=0.5$		无		
	轴间角	X,Y,Z 各120°	≈97°,131°,132°			Z轴90°,X-Z 135°,Z-Y 135°	
	例图	立方体 l	立方体 $l, l/2, l$			立方体 $l, l/2, l$	

注:轴向伸缩系数之比值即 $p:q:r$ 应采用简单的数值以便于作图。

5.3 透视投影

透视投影是用中心投影法将物体投射在单一投影面上所得到的具有立体感的图形。根据画面对物体的长、宽、高三组主方向棱线的相对关系(平行、垂直或倾斜),透视图分为一点透视、二点透视和三点透视,可根据不同的透视效果分别选用。

6 图形符号的绘制

在CAD工程图中绘制图形符号时,应该按照GB/T 16900～16903中规定的设计程序及图形表示的有关要求进行绘制。

7 CAD工程图的基本画法

在CAD工程制图中应遵守GB/T 17451和GB/T 17452中的有关要求。

7.1 CAD工程图中视图的选择

表示物体信息量最多的那个视图应作为主视图,通常是物体的工作位置或加工位置或安装位置。当需要其他视图时,应按下述基本原则选取:

a) 在明确表示物体的前提下,使数量为最小;
b) 尽量避免使用虚线表达物体的轮廓及棱线;
c) 避免不必要的细节重复。

7.2 视图

在CAD工程图中通常有基本视图、向视图、局部视图和斜视图。

7.3 剖视图

在CAD工程图中,应采用单一剖切面、几个平行的剖切面和几个相关的剖切面剖切物体得到全剖视图、半剖视图和局部剖视图。

7.4 断面图

在CAD工程图中,应采用移出断面图和复合断面图的方式进行表达。

7.5 图样简化

必要时,在不引起误解的前提下,可以采用图样简化的方式进行表示,见GB/T 16675.1的有关规定。

8 CAD工程图的尺寸标注

在CAD工程制图中应遵守相关行业的有关标准或规定。

8.1 箭头

8.1.1 在CAD工程制图中所使用的箭头形式有以下几种供选用,见图12。

8.1.2 同一CAD工程图中,一般只采用一种箭头的形式,当采用箭头位置不够时,允许用圆点或斜线代替箭头,如图13所示。

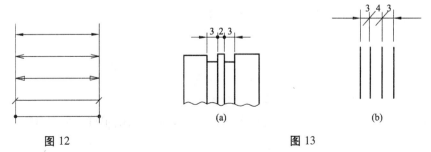

图12　　　　　　　　　　　图13

8.2 CAD 工程图中的尺寸数字、尺寸线和尺寸界线应按照有关标准的要求进行绘制

8.3 简化标注

必要时,在不引起误解的前提下,CAD 工程制图中可以采用简化标注方式进行表示,见 GB/T 16675.2。

9 CAD 工程图的管理

9.1 CAD 工程图的图层管理见表 13

表 13

层号	描述	图例
01	粗实线 剖切面的粗剖切线	——
02	细实线 细波浪线 细折断线	—— ～～ —⋏—
03	粗虚线	- - - - -
04	细虚线	- - - - -
05	细点画线 剖切面的剖切线	— · — · —
06	粗点画线	— · — · —
07	细双点画线	— · · — · · —
08	尺寸线,投影连线,尺寸终端与符号细实线	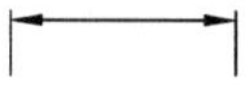 ↦——↤
09	参考圆,包括引出线和终端(如箭头)	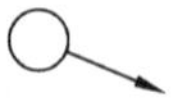 ○↘
10	剖面符号	 /////
11	文本,细实线	ABCD
12	尺寸值和公差	423±1
13	文本,粗实线	KLMN
14,15,16	用户选用	

9.2 CAD 工程图及文件管理应遵照相关标准的规定

附录 A

(提示的附录)

第三角画法

将物体置于第三分角内,即投影面处于观察者与物体之间进行投影,然后按规定展开投影面,见图 A1,各视图之间的配置关系见图 A2,第三角画法的说明符号见图 A3。

附录 2 CAD 制图标准

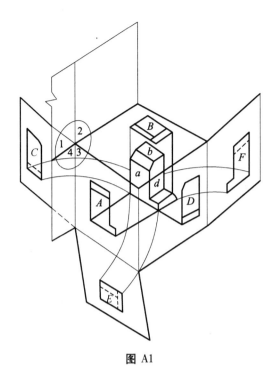

图 A1

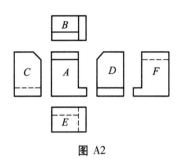

图 A2

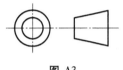

图 A3